"十四五"普通高等教育本科部委级规划教材

居住空间设计与表达

赵斌 俞梅芳 著

中国纺织出版社有限公司

内 容 提 要

本书为"十四五"普通高等教育本科部委级规划教材。

居住空间设计与表达是艺术设计专业一门实践性较强的主干专业课程。居住空间设计随着社会经济发展与人类文明进步不断变化，居住空间设计的实用性、适应性、美观性等的合理规划是设计目标成功的基本原则。

本书共分九章，内容包括居住空间设计概述，居住空间设计前期准备、程序与方法，居住空间平面设计，居住空间功能设计，居住空间色彩与材料设计，居住空间照明设计，居住空间家具设计，居住空间软装设计及优秀住宅空间设计案例赏析，书后附近三年部分学生居住空间设计作业，为读者展示居住空间设计教学和实践探讨。

本书内容全面，图文并茂，实践性强，即可作为高等院校设计专业教材，也可作为行业爱好者和相关工作人士的参考用书。

图书在版编目（CIP）数据

居住空间设计与表达 / 赵斌，俞梅芳著 . -- 北京：中国纺织出版社有限公司，2021.1（2023.7 重印）

"十四五"普通高等教育本科部委级规划教材

ISBN 978-7-5180-8234-6

Ⅰ. ①居… Ⅱ. ①赵… ②俞… Ⅲ. ①住宅 – 室内装饰设计 – 高等学校 – 教材 Ⅳ. ① TU241

中国版本图书馆 CIP 数据核字（2020）第 232406 号

策划编辑：魏　萌　　特约编辑：陈静杰
责任校对：王花妮　　责任印制：王艳丽

中国纺织出版社有限公司出版发行
地址：北京市朝阳区百子湾东里 A407 号楼　邮政编码：100124
销售电话：010—67004422　传真：010—87155801
http://www.c-textilep.com
中国纺织出版社天猫旗舰店
官方微博 http://weibo.com/2119887771
北京通天印刷有限责任公司印刷　各地新华书店经销
2021 年 1 月第 1 版　2023 年 7 月第 2 次印刷
开本：787 × 1092　1/16　印张：13
字数：216 千字　定价：58.00 元

前言

随着中国建筑、设计行业的快速发展，室内设计教育也得到了较快的发展，尤其是上海东方卫视打造的家装改造节目《梦想改造家》，已成为广大老百姓与设计师的喜爱节目之一，这个节目带动了居住空间设计与室内装修行业，它让老百姓感受到了设计的力量，一些普通的、条件较差的住宅空间通过室内设计师的设计从原来最普通、没有生命力的空间转变成为具有设计感、时尚感和舒适性的住宅空间。本书是作者依据十年来室内设计教学经验积累以及设计实践碰到的困难、对居住空间设计未来趋势的思考，并广泛参考近年来出版的专著、论文、教材等基础上撰写而成，书中强调居住空间设计知识结构的完整性，对近三年学生的居住空间设计课程进行分析和探讨，希望能够提升学生及读者对相关知识点的了解，同时也可作为建筑装饰、室内设计、公共空间设计相关人士的入门级基础参考用书。本书得到嘉兴学院时尚产业产教融合省级培育项目资助（002CD1904-3-101，002CD1904-11-2018111）。

本书共九章，第四、第六、第八章由俞梅芳老师完成撰写，第九章及课程教学设计案例由校企合作单位嘉兴市三禾建筑图像设计有限公司设计总监吴伟峰撰写，并全程参与课程教学和设计指导，其他章节都由赵斌老师独立完成。在撰写过程中，得到了多方的大力协助。首先，感谢设计学院院长鲁恒心教授对于环境设计专业的大力支持，感谢徐慧明教授的指导与支持，感谢副院长徐利平副教授对本课题立项和经费的支持。其次，感谢环境设计系全体老师的帮助和辛勤付出，感谢环境设计系2016级、2017级部分同学、2017建筑学专业部分同学默默无闻地修改图片、查询资料，使得全书内容详实丰富。他们是李国旗、杨浩东、杨华、陈宇昊、毛宇婧、张雪娇、袁靓倩、张洁、陈浩威、季在巷、葛汪欣等同学，在此一一表示感谢。由于撰写时间比较紧张，篇幅有限，本书在一些知识点上未能详细展开论述，留下一些遗憾。书中难免出现疏漏，敬请读者批评指正，以便今后努力修改，不断提升自己。还有许多不到之处，敬请谅解。再次表示感谢！

赵斌　俞梅芳

2020年9月

目录

第一章　居住空间设计概述

第一节 对居住空间设计的认识

我国设计类专业起步较晚，2013年教育部对学科目录进行调整，把艺术学调整为一级学科，设计学作为二级学科得到全面、综合、快速的发展。随着我国经济、社会、产业的快速发展，人们对设计、审美的需求得到不断提高，设计专业得到空前发展，上海、深圳、北京、杭州、南京、武汉、重庆等城市艺术设计产业和行业发展迅猛，无处不体现设计。许多城市就是以设计为竞争力和推动力，积极推动艺术设计的发展，从而推动城市的发展和繁荣，设计促进行业、产业和城市的发展，反之，城市和设计行业的繁荣也促进了设计的发展。

目前我国环境设计专业大体上划分为室内设计和景观设计两个方向，居住空间设计属于室内设计方向，它主要通过设计创新、技术手段、施工工艺、空间营造、美学追求、品位营建等手法，对卧室、起居室、餐厅、书房及其他辅助空间的居住空间进行设计与装饰，满足居住者使用功能与审美主体的有机统一。对于居住者而言，居住空间首先是要具备一定的实用性，其次是满足使用者的适应性，最后才是美观性。它大体上遵循三大原则。

（1）实用性原则：居住空间是一门实用艺术，也是一项工程设计，它为使用者提供一个室内空间，通过硬装装修技术满足居住者最基本的实用性和使用性，同时通过软装设计、动线组织等手段实现空间的实用性（图1-1）。

图1-1

（2）适应性原则：居住空间的适应性是居住空间形式和功能适应居住者的生活需求（图1-2）。当代社会主要从健康、生态、环保、高科技等方面进行调整，以适应使用者对于居住空间差异性要求。一般可以采用空间的开放、空间灵活分割、可变性设计、空间叠加等方式进行创作。努力处理好人与环境、人与人、人与物的关系，从而符合适用性的原则。

图1-2

（3）美观性原则：它指居住空间的色光影、点线面、比例尺寸等整体美学把控，给使用者一种视觉美和空间美（图1-3）。美观性原则是在满足空间实用性和适应性之后的结果，它始终建立在更好满足室内设计的使用功能基础上，通过点线面、声光电、色肌材等综合运用和巧妙搭配，提高居住空间的美观性。

图1-3

一、居住空间设计的目标与任务

1. **居住空间设计的目标** 居住空间最低目标就是满足人们最简单的居住需求，即拥有一个遮风挡雨的空间，能满足一家人最基本的居住条件和物质生活条件，满足使用者最基本的居住保障。其最高目标就是实现居住的使用性、美观性和精神性的统一，即对居住空间进行合理划分和动线组织，对居住空间色彩、肌理、材质、灯光、照明、设备、形式、法则等方面进行美学把控，最终使它达到功能性与形式美的统一，实现“居者有美屋”。因此，在居住空间设计中应该以人为本，注重人与环境、人与自然的关系，用生态环保的视角创作出诗情画意的居住空间，实现物尽其用，天人合一。

2. **居住空间设计的任务** 室内设计师在设计中必须明确居住空间设计的两个目标，同时还要运用心理学、生态学和美学知识，结合居住场地和空间与业主进行交流，了解业主的真实需求和预期目标，设计师结合场地精神和设计思维进行创新，从而实现居住空间设计，满足客户外在审美和内心精神需求。因此，居住空间设计的任务主要有以下几种。

（1）满足人们生活基本需求，即满足现代社会一个居住空间最基本的使用空间，客厅、餐厅、厨房、卫生间、卧室及阳台等。同时居住空间还能达到防火、防震、防冷、防热、保温等方面的要求（图1-4）。

（2）满足人们的感官需求，体现在视觉、触觉、嗅觉、听觉、味觉等五觉方面对世界的感知。社会的迅速发展向当代居住空间设计提出了更高的要求，室内设计师就更应该考虑“五觉”的应用，让人们五觉能在居住空间愉快地接受信息，使空间充满人文关怀、符合人的需求（图1-5）。

（3）满足人们的心理需求，即在居住空间营造过程中注重对人们心理需求的营建。按照马斯洛层次需求学说，从环境心理学角度出发，创造出更加舒适的居住空间。注重从领域性、人际距离、安全感、从众与趋光心理等心理行为方面进行考虑和设计（图1-6）。

图1-4

图 1-5

图 1-6

（4）满足文化精神的需求。艺术是人们精神需求的直接体现，它反映了使用者对居住空间的品位和审美。不同业主的审美和文化修养不一样，这就要求设计师针对不同的业主进行相应的设计（图1–7）。

图 1-7

二、居住空间设计的原则

1. **人本思想原则** 自从文艺复兴以来，人们就注重人文思想，从人本主义出发审视自身，审视世界。居住空间的人本思想主要在设计时注重对使用者自身的关照，从人机工程学、环境心理学、文化审美等方面注重文化内涵的构建（图1-8）。

图 1-8

2. **生态设计原则**　生态设计是当今世界最重要一个原则，尤其在新冠病毒疫情期间，大家更要注重生态环境的可持续发展，以对环境的破坏降低至最少值的设计形式，节约资源，改善人居环境及保持居住空间生态系统的健康发展。主要注重从尊重自然、注重本土化、集约化、生态美学、公众参与等方面进行设计（图1-9）。

图1-9

3. **节约原则**　居住空间设计最好使用再生、绿色、环保的材料，可以采用太阳能、风能、水能、沼气等新能源的使用，实现绿色家居设计，作为室内设计师一定要遵循节约原则，用最少的物，创造出尽可能多的实用生活空间（图1-10）。

图1-10

4. **空间原则** 建造限定结构经过围合、覆盖、下沉、高出、抬高和设立变化所限定的空间，根据不同空间功能对原有居住空间进行再划分与再限定，进行合理的空间组织。大体上目前有主厅式、主走廊式、嵌套式、点散式等空间样式。室内设计最大的一个议题就是空间与形式的关系问题，空间决定形式还是空间追随形式是一个跨世纪的探讨问题，总体来讲，居住空间设计还是以空间为主的，犹如维特鲁威在《建筑十书》里谈论的那样，建筑空间一是坚固、二是实用、三是美观，居住空间还是以实用性为先，再追求美观和人文精神的塑造（图1–11）。

图1–11

5. **形式美原则** 形式美原则是人们认识和了解美学的基本原则，一般从点线面、色彩肌理、比例尺寸等方面进行构建某种内在关系，使人们视觉上形成一种美感，它是美学的基本原则之一（图1–12）。

（1）比例与尺度。比例是指建筑物各部分之间在大小、高低、长短、宽窄等数学上的关系，恰当的比例能给人一种舒适的视觉美感，如黄金比例就会让人产生一种稳定的视觉比例。尺度则是指建筑物局部或整体，对某一固定物件相对的比例关系，在居住空间里人的尺度是非常重要的，欧洲人与亚洲人的室内尺度感是不一样的，因此，在居住空间设计时就应该注重不同人群的尺度，进行合理设计。

（2）稳定与轻巧。稳定是指艺术造型之间的一种轻重关系。它包含两个方面因素：一是物理上的稳定，这会使产品具有安全感。二是视觉上的稳定，也就是人们视觉感受所产生的效应。从艺术设计元素和语言进行搭配所形成的一种视觉稳定感。轻巧是指艺术造型物上下之间的大小、轻重等关系。它与稳定形成对比，通过艺术手法给人以灵

图 1-12

巧、轻盈的美感。

（3）对比与调和。对比是两种事物或一个事物的两个方面相对比较。它包含大小、粗细、曲直等造型艺术对比，也有远近、高低、虚实的构图对比，同时包含色彩、材质、光影等艺术设计对比。对比给人形成视觉紧张感，调和是指将性质相同或类似的形象要素进行组合，以缓解差异和矛盾。

（4）节奏与韵律。节奏是指用反复、对应等形式把各种变化因素加以组织，构成前后连贯的有序整体。韵律是构成系统的诸多元素形成系统重复的一种属性。它们具有一定的秩序美感，在居住空间设计中经常运用，如利用色彩、点线面元素等组合，设计出具有节奏和韵律感的背景墙和过道空间。

（5）对称与均衡。对称是以一条线为中轴，左右两侧相等，它是在统一中求变化；平衡则是指物体上下、前后、左右间各构成要素具有相同的体量关系，它是在变化中求统一。在艺术设计范畴里对称与均衡主要指视觉感受上的对称和平衡，即通过重新构图形成一定的构成要素，从而实现对称或均衡。

（6）变化与统一。统一是将变化进行整体统辖，将变化进行内在联系的设计与安排。变化指使事物内部产生一定的差异性，从而产生活跃、运动、新异的感觉。它们是形式美的总法则。在居住空间设计中利用色彩、材质、肌理、光影、空间既要有所变化，让人产生不同的视觉感受，但同时变化又不能过多，过于琐碎，最终会利用均衡、调和、秩序等统一原则进行设计，达到居住空间的稳定性和统一性。

6. ***功能布局合理原则***　居住空间设计第一要义就是对功能进行合理布局。因为它是居住空间设计的前提和基础，只有理清功能布局才能有好的空间设计。主要从动静分区、公共空间、私密空间等方面入手，按照人们的生活习惯和动线合理安排功能分区（图1-13）。

图 1-13

7. **动静主次分区原则** 动静分区主要体现保护私密性、方便交流及提高房屋利用率等方面，它应该注意以下几点：①动线应与动区重叠一起，这样方便交流，提高使用率；②缩短动线距离，这样方便各功能区走动，提高便捷性；③静区应规避动线，否则会造成隐私被窥视（图1-14）。

图 1-14

第二节　居住空间的发展历程与未来趋势

一、原始社会时期

在漫长而发展缓慢的原始社会里，中国古代文献中记载了若干可能采取的原始居住方式（图1–15），如《易·系辞》"上古穴居而野处"，《礼记·礼运》记录了"昔者先王未有宫室，冬则居营窟，夏则居橧"。仰韶文化时期，我们祖先开始从事农业生产，从而出现了房屋和聚落。西安半坡村仰韶时期住房有两种形式，一是方形，一是圆形。这个时期住宅室内有火塘，用于保证室内温暖和炊煮食物之用，室内地面和墙面开始采用白灰面，比简单的草泥土地面更为适用、清洁、美观。龙山文化的居住遗址多数为半地穴式房屋，同时出现了内外二室分开的住宅形式，如西安市客省庄的半地穴式房子，既有圆形单室，也有前后二室相连的布局方式。在制作陶器方面技术有较大的改进，采取灌水法，使陶胚中的铁质还原，制成比红陶、褐陶硬度更大的灰陶和蛋壳陶，陶器表面绘制各种鱼纹、鸟纹、人面纹等纹理，这些表明人类的审美和技术的进步都在影响着建筑和室内设计的发展。

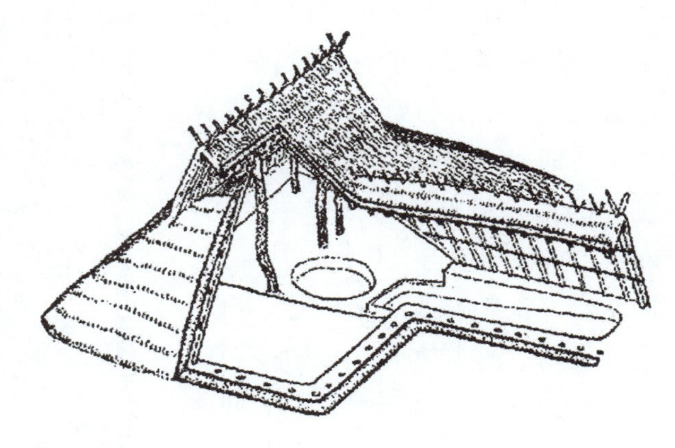

图 1–15

二、夏商周时期

夏朝是我国历史上第一个朝代，开始使用铜器，且积极地整治河道，挖掘沟洫，人为地改造自然。据文献记载，河南二里头考古发现夏朝遗址（图1–16），夏朝修建了城郭沟池，宫室台榭。商朝建筑开始采用版筑墙和夯土地基，夯土技术已达到成熟阶段，它是我国古代建筑技术的一

图 1–16

件大事。如商朝宫室遗址中发现，采用单体建筑沿着与子午线大体一致的纵轴线，有主次地组合成较大的建筑群，它开启了我国封建社会宫室的前殿后寝和纵深对称式布局的先河。从棺椁构造来看，可以推知当时房屋除了使用梁柱构造方法，还有井干式构造的壁体。室内开始铺席，人们坐于席上，家具有床、案、俎等，商朝雕刻多以细密的花纹为地，衬托高浮雕的主要纹饰。周朝铁器的使用和推广以及工程技术也有很大的进步。《考工记》记载了周朝的都城制度："匠人营国，方九里，旁三门，国中九经九纬，经涂九轨，左祖右社，面朝后市"，这些制度在汉以后在都城规划思想上进行了新发展，如三朝五门制度在很大程度上影响了隋朝以后的宫室建筑的外朝布局。室内仍席地跪坐，席下垫以筵，家具又有屏风和几、衣架等，建筑材料已出现板瓦、筒瓦、脊瓦和圆柱形瓦钉，瓦当表面绘制凸起的饕餮纹、卷云纹、辅首纹等，青铜器构图比较明朗，线条柔和，高低层次相差较大，给人一种清新的感觉。

三、秦汉时期

由于工程技术和手工业不断发展，秦汉时期的城市发展较快，在都市规划方面从首都的选择、宫室为中心的南北轴线布局、集中的市场、闾里等反复进行考虑和设计。在宫室方面秦朝建有信宫、甘泉宫、阿房宫，汉朝修改了未央宫、长乐宫和北宫，这些宫殿气势磅礴、庄严宏伟，同时结合自然景观一同营建。从画像石、画像砖以及各种文献记载（图1-17），汉朝的住宅建筑有以下几种形式，干阑式、三合式、曲尺形、日字形等形式，平面为方形或长方形，大多数采用木构架结构，墙壁用夯土筑造，屋顶采用悬山或囤顶，窗有方形、横长方形及圆形等。贵族的大型宅第，外有正门，旁设小门，大门内又有中门，可以通马车，此时已有园林建筑形式出现，园中房屋重阁回廊，

图 1-17

徘徊相连，构石为山，引水为池，池中积沙为洲。室内家具已有柜和箱、榻、床。在建筑技术方面，斗拱已发展到相当成熟的阶段，石料的大量使用，雕刻技术达到较高水平。屋顶有悬山、歇山、囤顶、攒尖和庑殿等五种形式，利用屋顶不同形式和各种瓦件所产生的装饰处理，成为这个时期最主要的建筑特征。

四、魏晋南北朝时期

魏晋南北朝是我国历史上一次民族大融合的时期，由于玄学思想的发展，这时期的建筑出现佛教和道教建筑，同时开凿了若干规模巨大和雕刻精美的石窟（图1–18），在继承秦汉建筑成就的基础上，又吸收了印度、西域和犍陀罗的佛教艺术，丰富了中国建筑的特色和形式，为隋唐建筑的发展奠定了基础。这个时期的城市建设是继承汉朝城市规划而发展的，在以东西横列三殿的“三朝”制思想下，又有以主殿为主的纵列两组宫殿。这个时期的贵族住宅一般采用庑殿式屋顶和鸱尾，里面有若干大型厅堂和庭院回廊等所组成。尤其是在玄学影响下，住宅后部建造园林，园中有土山、钓台、重阁、回廊等，造园技术和理念进一步得到提高，聚石引泉，植林开涧，营造朴素自然的意境。家具已发生了一些变化，如床已增高，上部还加床顶，榻加高加大了，胡床逐渐普及到民间，还有高坐具，如椅子、方凳、圆凳、束腰形圆凳等。在建筑材料上主要运用砖瓦和金属材料，在建造技术方面，木结构技术、砖结构技术、石工技术发展水平较高。

图 1–18

五、隋唐时期

这个时期的建筑，在继承秦汉以来的成就基础上，吸收、融化了外来建筑的影响，形成一个完整的建筑体系。隋唐时期城市规划总结了汉、魏晋建设经验，以方整对称的原则下，沿着南北轴线，将宫城和皇城置于全城的主要地位，并以纵横相交的棋盘形道路，将其余部划分为108个里坊，分区明确，街道整齐。城市布局和建筑风格规模宏大，气魄雄浑，格调高迈，整齐华美。隋唐时期贵族住宅采用回廊连接的四合院为主，乡村住宅以房屋围绕，构成平面狭长的四合院，同时还有木篱茅屋的简单三合院，布局紧凑。由于文人、画家们寄情山水，园林得到较快的发展，园林中往往用怪石夹廊或叠石为山，形成咫尺万里的意境（图1-19）。在家具方面，席地而坐与使用床（榻）依然广泛存在，已有长桌、长凳、扶手椅、靠背椅及圆椅等，嵌钿及各种装饰工艺已进一步运用到家具上，家具式样简明、朴素大方、线条柔和流利，此时室内空间处理和各种装饰开始发生变化，与席地而坐的"空间"或"习俗"已迥然不同了。这个时期的建筑材料包括砖、瓦、琉璃、石灰、木、铜、铁、油漆和矿物颜料等，这些材料的应用技术都已达到熟练的程度。

图 1-19

六、宋辽金时期

宋代都城布局取消了里坊制，形成了临街设店、按行业成街，酒楼、邸店等娱乐性建筑大量出现，从而城市规划出现了若干新的措施，一方面开始实现开放式街巷制，另一方面在城市分布体系上，出现了许多以经济为主的小市镇。这个时期已有《木经》和《营造法式》两部具有历史建筑的建筑文献，宋代建筑开始了一个新的发展阶段，并形成了一个新的高潮。从王希孟《千里江山图》所绘住宅中，有小型、中型、大型住宅及村落聚居，普通民居一般有前厅、穿廊、后寝等构成，大中型住宅前堂左右附以挟屋，院子内部建有照壁等。在住宅中有采用对称的庭院，也有错落有致的庭院，或临水筑台、依山构廊，既是住宅，又具有园林风趣，这是宋代住宅的主要特点。这时期的私家园林随着不同地区进行因地制宜地建造，以形成不同的风格，由于文人、艺术家、画家的不断参与，宋代园林建筑达到一个新的高度（图1-20）。在家具造型和结构方面，梁柱式的框架结构代替了隋唐时期的箱形壸门结构，大量采用装饰性的线脚，丰富了家具的造型，居住方式由席地而坐逐渐转变为起坐方式，家具尺度相应增高，家具布局也出现若干变化。宋代在建筑材料、技术和艺术等方面得到较快发展，并且以构件的标准化和镶嵌方法取得较好的艺术效果，宋代建筑风格整体给人柔和绚丽、秀丽绚烂的气质。

图1-20

七、元明清时期

这个时期的建筑成为中国古代建筑史上的最后一个高峰，北京故宫成为三朝皇宫（图1-21），主要建筑基本附会《礼记》《考工记》及封建传统的礼制进行布置，在整体布局上以中轴线上的对称按照等级礼制进行合理布局，从大清门到坤宁宫，中轴线上共有八个庭院，形式各异，纵横交替，有主次，有秩序。同时故宫另外的一些小庭院轴线都与主轴线平行，并且与主要建筑具有密切联系，形成了一个完整的艺术体系。由于各个地区建筑发展和融合，中国住宅建筑开始走向程式化，同时又由于我国疆域辽阔，不同的区域产生了不同的民居形式，南方以岭南、徽派、江南水乡、福建土楼为代表，北方以北京四合院、蒙古包、藏族民居为主的民居具有较大的区别。在建筑艺术方面，清朝建筑比较沉重烦琐、拘束严谨的风格，由于官式建筑的标准化、定型化，建筑从功能开始走向烦琐的装饰，反而民居建筑和园林却得到较大的发展，各地区、各民族的民居建筑和室内设计更为生动活泼、富于变化。

图 1-21

八、居住空间的未来趋势

随着现代信息技术不断发展和社会方式的转变，人们对居住空间的需求也发生了较大的改变，一方面，世界朝着地球村、一体化方面发展，这就要求居住空间具有一定的普适性和大众性，居住空间要满足普通群众的居住要求。另一方面，当今社会提倡个性解放，突出个性、文化性和创新性，这就要求居住空间朝着个性、文化性、唯一性等方面进行设计，这对居住空间设计师提出了新的挑战。面对复杂多变、快速发展的信息时代，我们认为未来居住空间大体从功能化、人性化、生态化和技术化四个基本方向进行发展。

1. 尊重空间功能性与人性化设计

（1）功能性设计。每个空间都应该有它自己的功能属性，居住空间也不例外，它要求室内设计师对业主家庭成员进行调研和访谈，全面了解和掌握业主及家庭成员对功能的需求，然后根据需求进行功能划分和设计，它不仅体现在空间使用功能上，而且体现在空间环境对人的影响方面。形式与功能一直是室内设计重点探讨的对象，传统封建社会由于技术和等级观念的影响，建筑师和设计师对建筑的形式和装饰运用的较多，直到包豪斯学院提出“设计为大众服务”，一些著名的建筑师如路易斯·沙利文（Louis Sullivan）、阿道夫·卢斯（Adolf Loos）也提出了“形式遵循功能”“功能决定形式”“装饰就是罪恶”的口号，现代居住空间首先应该解决的是空间功能性，在有限的居住空间中，通过合理有序的功能设计满足业主的功能需求，从功能本身出发，实现功能与形式的平衡。由于城市昂贵的房价，人们的居住空间被挤压的越来越小，不管是买房还是租房，如何在有限的空间中实现室内各种功能空间的合理设计和有效转换是室内设计师要考虑的一项重要工作。根据人体工程学、环境心理学以及马斯洛需求学进行室内居住空间深化设计，对空间按照功能进行合理划分，突破以往的单一功能空间，从生态、共享、互动、信息等方面思考，实现多功能共享型功能空间。

（2）人性化设计。我们人类设计的出发点都应该以人为本，遵循人与自然和谐相处，考虑人、环境、物三者之间的关系如何达到一种平衡。居住空间设计也不例外，它要求设计师应根据业主个人的喜好、习俗、文化和品位等方面考虑，按照人性化要求进行居住空间设计。具体指坚持以人为本的设计思想，根据业主的行为习俗、心理需求、文化品位等，对居住空间进行人性化设计，从而更方便、合理地为使用者提供居住环境。其中，最基础和最关键的一点是个人意识的提升，自我意识的张扬。在此趋势的影响下，人们针对居住空间设计的参与度加强，居住空间的个性逐渐彰显，人们摆脱了以往的“他人”的视角，而是将焦点集中在自身的需求上。人性化设计一般包括三个原则。首先是安全性。居住最基本的要求就是对人们生命安全的保障，尤其在室内隐蔽工程处理中，对水电、消防等处理要求专业人员进行设计和检验，确保安全。高层遇到地震和火灾时，如何逃生、躲避危险等要有相关说明和演示，不能为了美感而忽视潜在的安全隐患。墙体改建、卫生间瓷砖铺设、阳台玻璃、栏杆设计力争做到坚固、耐用、防滑等安全。对于老人、儿童及残障人士，注重无障碍、防滑、防碰撞等方面设计和考虑。其次是舒适性。人们在一个空间中最需要的便是舒适性，它是室内空间综合体现，即人们走进这个空间便会感受到身心愉悦，全身会不自觉地放松下来。这需要室内设计师一方面从人体工程学出发，对人的尺度、人机互动的尺度有较好的把握和了解，根据业主及家人的身体尺寸和活动的尺寸进行量身定做，符合人体工学要求。另一方面满足空间使用功能的舒适性，包括人在室内空间环境中与视觉、触觉、听觉、嗅觉等的关系以及精神感受。最后是经济性，过度装饰不仅造成资源浪费，空间也不一定实用、美观，同时也是低碳环保的一种表现。地球资源是有限的，因此，应该提倡居住空间的经济性原则，从经济环保、生态绿化方面进行合理规划空间，实现可持续发展。

2. **尊重生态与科技发展**

（1）生态化设计。生态文明建设关系我国永续、健康、可持续的发展，我国目前把经济与生态环境放在一起，两手都要抓，只有坚持走生态、绿色、低碳发展之路，才能不断满足人民日益增长的优美生态环境需求（图1-22），提高人民的生活和居住质量。室内设计在施工和使用中引发各种环境问题，主要体现以下三个方面，第一，过度装修，大量使用不可再生装修材料和材料浪费等，这对居住空间可持续发展是极为不利的。第二，在装修中大量使用人工合成的化学材料，这些材料含有对人体有害的物质，不仅影响业主及家人的健康，同时刺激性气味污染环境。第三，追求装修时效性，业主每隔几年就进行更新设计，局部重新装修，由于拆除后的材料不能再生循环利用而被丢弃成为建筑垃圾，成为环境的污染源。因此，在居住空间设计中更应该提倡生态低碳设计，实现可持续发展。首先采用生态环保型材料。尤其对板材、油漆、地板、家具等的选用上，要以生态环保为最低要求。其次，提倡使用自然通风、采光，通过建筑改建和科技手段，实现室内设计的采光、通风，获得良好的生态效果。然后，采用全面的现代绿化技术，室内放置活性炭、绿植，采用无土栽培技术，改善室内空间绿化。最后，与

图1-22

现代科技结合，如采用节约常规能源技术、洁净技术、声控、自动控制技术等，对室内的通风、采光、温度、湿度等进行有效调控，实现节能、低耗、低造价，从而获得舒适的室内空间环境。

（2）技术化设计。科学技术是推动社会发展的原动力，尤其在5G信息科技革命下，居住空间设计会随着5G的运用得到较好的发展，墙面可能都是界面面板，人们在现实与虚拟的世界里相互转换，也许住宅空间形式也会随着高科技发展而进行改变。目前居住空间已朝着智能化、科技化方向发展，开门通过验证个人的指纹或者虹膜，窗户、窗帘、灯光通过声音进行控制，打扫卫生、做饭使用机器人等，节能、环保、自动、智能这些技术与设计相结合，新材料、新技术、新设备等不断出现，使人们的生活越来越方便和便捷，并延伸到不同空间环境、不同层面上，满足了人们的各种需求（图1-23）。

总之，未来建筑与居住空间设计应该更加关注人、环境和物三者之间的统一与平衡，关注人性化、经济化、生态可持续性、科学技术等方面，围绕如何平衡人与环境、人与物、物与环境各自之间的联系和区别，做到诗意的栖居。

图1-23

第三节　对室内设计师的认识

一、室内设计师的专业要求

室内设计是一项综合的艺术，它需要设计师博学多闻，又要善于归纳总结和提炼。只有这样才能找准一种元素，找对一种符号，提炼得出一种文化，为客户创造出一个优美的居住空间。室内设计专业是一个综合性、跨界型较强的学科，它势必要求室内设计师既有艺术与设计的实操性技能，又要求他们具有建筑工程、施工工艺、材料预算等综合的知识，同时要求他们具备良好的美学素养和健全的人格修养。因此，室内设计师应该掌握的知识、技能大体包含如下：①艺术、美术相关知识，如素描、色彩、三大构成；②设计类相关知识，如室内设计制图、电脑表现技术、装饰材料；③实践类知识；④跨界类知识，如房屋建筑学、工程预算等；⑤综合类知识，如表达能力、沟通能力、方案深化能力等。综上，一个合格的室内设计师要有室内设计相关专业知识、个人审美能力、室内设计表达与实施、良好的性格与健全的人格（图1–24）。

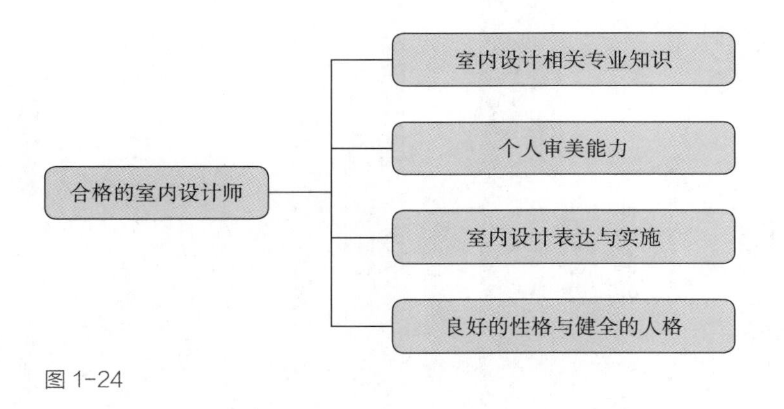

图1-24

1. **美术相关知识**　绘画是锻炼思维方式的一种方式，尤其对于艺术生来讲，草图绘画可以帮助他们拓展思维，开启线性思维思考，从而进行艺术创作。除了掌握美术绘画的知识，他们也要了解艺术史、工艺美术史、美学概论等史论。这样才能开拓视野，提高文化艺术修养。

2. **室内设计相关专业知识**　目前国内高校室内设计专业知识一般由设计基础课程（三大构成、摄影、人体工程学、电脑表现）、专业基础课程（画法几何与透视、装饰材料与构造、家具设计、软装设计、室内初步设计）、专业核心课程（居住空间设计、办公、展示、商业空间设计）以及实践时序课程（专题设计、workshop、艺术采风、毕业实习、毕业设计等）组成（图1-25）。

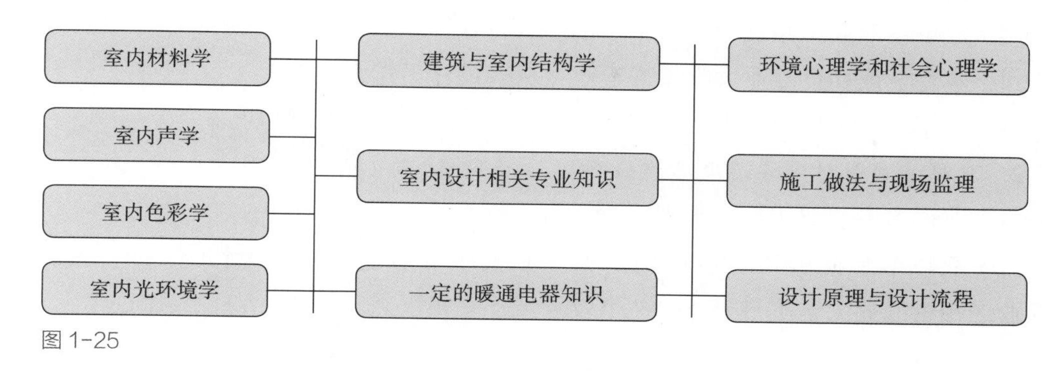

图1-25

3. **建筑学方面知识** 室内设计师需要掌握一定的建筑结构、力学及建造等方面的知识，毕竟室内设计是建筑设计的二次深化设计，是在建筑基础上进行深化设计和创作，那就必须对建筑的构造、结构、承重、防火、给排水、电气、暖通等方面进行了解。如屋面檐沟做法、室内外变形缝防水处理、楼梯踏步防滑设置做法、地下室外施工缝防水构造、卫生间降板施工做法、卫生间排风口设置原则、出风口形式的选择、空调水暖设计做法等。

4. **沟通能力** 本质上，设计是一项服务，有效的交流技巧往往是那些能够让客户感到舒服的方法，这就是用户思维——真正发自内心地从客户角度出发，为客户考虑问题，让客户感受到服务的价值，即会得到客户的认可。从自身情况、客户情况、交流目的、方式、节点等方面提升设计师的交流技巧和沟通能力。

二、室内设计师的资格认证

室内设计师证书（图1-26），是国内从事室内、建筑、园林、展示设计及相关专业工作人员资质的证书，分为高级、中级、初级三个考试等级，分别颁发高级室内设计师、中级室内设计师、初级室内设计师证书。认证以考评结合的方法，认证具体条件如下。

1. **高级室内设计师学历及工作经历**

（1）本专业或相近专业博士后流动站合格的出站人员，或获得本专业或相近专业博士学位，从事设计工作二年以上。

图1-26

（2）或获得本专业或相近专业硕士学位，或双学士学位、两年以上的研究生班毕业，从事设计工作四年以上。

（3）获得本专业或相近专业学士学位/大学本科毕业，从事设计工作六年以上。

（4）本专业或相近专业大学专科毕业，从事设计工作十年以上。

（5）从事设计工作十年以上，在本行业内有较大影响力及知名度。

2. **中级室内设计师学历及工作经历**

（1）获得本专业或相近专业博士学位的人员。

（2）获得本专业或相近专业硕士学位，研究生班毕业，从事设计工作一年以上，或本专业或相近专业大学本科毕业，从事设计工作三年以上。

（3）本专业或相近专业大学专科毕业，从事设计工作五年以上。

3. **室内设计师（初级）学历及工作经历**

（1）本专业或相近专业大学本科毕业，从事设计工作一年以上。

（2）本专业或相近专业大学专科毕业，从事设计工作三年以上。

（3）参加正规的室内设计师培训并合格、有一定的工作经验。

目前世界室内设计师大致有美国室内设计资格国家委员会（NCIDQ）、中国建筑学会室内设计分会（CCID）、日本室内设计师协会（JID）、室内设计师国际联盟（IFI）几种形式。

图1-27为我国室内装饰行业从业资格证书。

中国室内装饰行业
从业资格证书

China Interior Decoration Industry
Qualification Certificate of Practitioner

图1-27

第四节 居住空间的内容与分类

一、居住空间的内容

居住空间设计是室内设计专业的重要课程，它是室内设计的一个部分，通过运用技术手段对居住空间进行不同的营造，创造出适合居住者内在精神与外在形式美感的需求。它既可以包罗万象，具有大众性和普适性，同时也是个性和小众性的体现，尤其在当今注重个体解放的时代，居住空间设计要求更高，每个居住者都想要与别人不一样，注重个人品位和文化修养的提升，要求全屋定制。根据上述观点，居住空间设计的内容大致可概括为以下几个方面。

1. *居住空间设计* 居住空间是人们生活的主体空间，它不仅要满足人们生活起居待客的需求，更重要的是满足居住者对“家”的精神需求。设计师需要针对使用者的个体差异、生活习惯、文化习俗等因素，结合功能需求和人的行为对住宅进行综合分析，协调组织各个部分面对空间进行规划设计。

2. *居住空间界面设计* 内部空间是由界面围合而成的，室内空间一般分为顶面、墙面、地面三大界面。居住空间界面设计分为造型设计与构造设计，造型设计主要从艺术美学方面对界面设计相关造型，给人视觉美。而构造设计则是如何把造型设计落地，即通过材料、施工工艺及连接方式进行施工与构造，大体上遵循安全、坚固、美观、经济等原则（图1-28）。

图1-28

3. **居住空间软装设计** 软装是相对于硬装来讲的，它是在硬装后，通过色彩、家具、饰品、绿植、摆件等陈设，按照设计风格、美学、空间等法则进行搭配和重新设计，旨在提高室内空间的美学性和精神性。软装并不是简单的家具组合、布艺搭配、色彩点缀，它是设计师综合能力的体现，软装设计师首先对场地空间和客户有较多的了解，尤其是对客户要做大量的沟通和访谈；其次对软装知识掌握较好，能根据场地和客户需求提出相应对策和建议；最后对软装价格和市场有较好的把握，明确软装的各种家具、摆件、饰品价格和库存等。软装是室内设计极为重要的外载语言，它的魅力真正并直接影响到室内设计的成败（图1–29）。

图1-29

4. **居住空间色彩设计** 居住空间在室内设计中可以分为三个部分：第一部分是主体色彩。即整个墙面和天花、地面这些室内大面积的色彩，由于这些色彩占据的面积较大，适合采用纯度较低的色彩，起到烘托作用。第二部分是辅助色彩，它是室内的家具、电器等家居色彩。第三部分是强调色彩，指电视背景墙和陈设品，需要强调和夸张的色彩，属于点缀色，这部分色彩可以根据性格爱好、室内环境的需求进行色彩设计和搭配（图1–30）。

图 1-30

5. *居住空间照明设计*　照明设计的宗旨是让合理的光线出现在合适的位置。照明是室内环境中一个系统复杂工程，全世界都有一个相应的规范标准。我国目前主要执行的是2004年颁布的《GB 50034—2004建筑照明设计标准》。居住空间照明一般采用明快、柔和的灯光照明，采用吸顶灯、筒灯、射灯、轨道灯、艺术灯、台灯等灯具，由于客厅是居住空间的重点，一般会采用直接照明、间接照明和艺术气氛照明（图1-31）。

图 1-31

6. **居住空间物理环境设计** 物理环境是指室内空气环境质量，同人体健康和舒适度程度有密切关系。住宅内部一般会采用通风换气，有条件的家庭会实现智能化操作，对相关物理环境进行内部调节和自我净化，从而实现室内空间健康、环保的设计。这些内容已成为现代居住空间设计中极为重要的一个方面，也是现代科技发展的必然结果，是衡量环境质量的主要因素。

7. **居住空间心理环境设计** 心理需求是指室内空间设计风格、造型、色彩、陈设、软装和家具设计要符合不同民族、不同地域文化人们的心理感受。但是人们还是具有很大的共性，具有大众性、国际性和现代性设计需求。

二、居住空间的分类

根据张绮曼教授在《室内设计总论》一书给出的分类方法，室内设计按使用功能需求分为三大类，一是人居环境室内设计，二是限定性公共空间室内设计，三是非限定性公共空间室内设计。而居住空间相对简单、单一一些，它主要指人居环境室内设计的这部分（表1-1），包含别墅式住宅、院落式住宅、公寓式住宅、集合式住宅、商品房住宅、其他住宅。

表1-1 人居环境的分类及设计内容

<table>
<tr><td rowspan="9">人居环境室内设计</td><td rowspan="7">集合式住宅
公寓式住宅
别墅式住宅
院落式住宅</td><td>门厅设计</td></tr>
<tr><td>起居室设计</td></tr>
<tr><td>卧室设计</td></tr>
<tr><td>书房设计</td></tr>
<tr><td>餐厅设计</td></tr>
<tr><td>厨房设计</td></tr>
<tr><td>卫生间设计</td></tr>
<tr><td rowspan="2">集体宿舍</td><td>卧室设计</td></tr>
<tr><td>厕浴设计</td></tr>
</table>

1. **多层居住空间** 多层房屋一般为4~6层，高于12m，低于或等于18m的建筑物。一般采用砖混结构，少数采用钢筋混凝土结构。多层住宅由于层数少、高度不高（18m以下），具有通风采光较好，空间紧凑不闭塞等优点，一般采用一梯两户的设计形式（图1-32），它有以下优点：

（1）造价相对低廉，公摊面积少。

（2）一般采用一梯两户的户型设计，具有良好的采光与通风面，户型健康指数高。

（3）室内层高相对较高，空间尺度感较好，可以灵活布置。

（4）一般采用砖混结构，工程造价低，施工速度快。

但是单元式多层住宅也同时存在以下不足：

（1）多层住宅一般设置楼梯，没有电梯，令住在顶层或者高层的人们生活不便，尤其是对老年人的出行增加了不少困难，这也是城市老小区被大家所诟病的原因之一。

（2）多层住宅体型系数小，比较浪费土地，住宅小区容积率低。

图1-32

2. **小高层居住空间**　狭义上小高层是指层数在7–11层的住宅，随着社会的发展，把18层以内的也称为小高层住宅。通过对以往高层居住空间的研究和实践，发现目前小高层住宅建筑中出现较多问题，如户型利用率不高、通风差、采光不足、相邻户型形成对视、公摊面积过大等（图1–33、图1–34）。

（1）节约用地。小高层相对多层住宅来讲，同样的占地面积却拥有更多的居住空间，具有节约用地的明显效果，其建筑尺度也比较合适，同时从观赏角度来看，也比较接近自然，亲近自然。

（2）户型优越。小高层住宅平面布局基本相同，户型较好，同时具有良好的通风、采光、观景效果，且公摊面积不大，购房者易于接受。

（3）提升居民生活质量。由于建筑内部增设了电梯，业主生活比较方便，提高了人们的生活质量，同时小区引入景观小品、绿化、公共设施，使室内外景观连成一片，扩大人们的视野，美化了住区环境。

（4）投资少、工期短、难度低。小高层住宅由于采用框架和剪力墙结构体系，整体性、抗震性较好，同时具备投资少、工期短、资金和人员容易周转、回报较好等特点。

小高层住宅也存在着以下的不足：

（1）建筑质量一般。小高层住宅以现浇楼板施工，也考虑了建筑防火规范和抗震设计，但耐热、耐冷等整体性能比高层住宅要差一些。

（2）公摊面积增多。小高层住宅的公摊面积比多层住宅相对要多，一般可多3m^2左右。

图 1-33

图 1-34

（3）空间优势。小高层住宅通过阳台、多露台的设计可以达到赠送客户室内面积，吸引消费者购买时具有一定的空间优势。

3. **公寓式居住空间** 公寓式住宅是相对于别墅住宅而言的，其特点是一套房内有多个房间，房间面积较大，净高较高，多为中短期独租或合租房，共用厨卫阳台，此居住模式亦说明我国城市化现居住条件还不尽以人为本，套型户型不尽科学实用。因此，从室内设计实用角度探讨公寓式住宅的人性化设计具有一定的实际意义和社会价值。

公寓式住宅特点一般以小户型、全装修为主，地理位置优越，注重后期软装设计。从功能上来讲，公寓更讲究便捷性、舒适性、功能的完备性、服务和结构的合理性（图1-35、图1-36）。以下是有关公寓式住宅设计理念的分析：

（1）起居室、客厅。起居空间（客厅）是现代家庭最主要的一个空间，它是一个家庭的门面。对空间要求明亮、大方、开敞，适当摆设绿植和小品；同时充分考虑现代设备、设施以及智能家具。如空调、电视、电话、音响、多媒体电脑等家用电器线路的设置；家具陈设、软装设计、空间趣味性和合理性、材料质感与肌理、面料款式等以主人的品位而定。

（2）厨房。厨房是住宅空间中比较重要的一个空间，家庭主妇大部分的时间都花在这里，这就要求设计师对厨房的设计较为用心和细心，尤其注重空间布局，合理利用空间，主要从暂存空间、实用美观的操作台、高品质的电器设备、分层次的照明、优质配件、易清理实用的地板以及其他煤气安全等考虑。对国外厨房中的操作行为的分析，水

图1-35

图 1-36

池、炉灶、冰箱被称为厨房工作三角形，其三边之和的适宜距离为3.6~6.6m。给排水管道、燃气电气管道集中于设备管道井与水平管道区。厨房可能配置电冰箱、排油烟机、洗碗机、消毒柜、微波炉、烤箱、净水器、热水器等电器，须设置6个以上的电插座，同时配上防水防儿童触碰的保护性开关。洗涤台宜设沥水台，并设置挡水条，成为洗涤池的组成部分。排油烟机设置排污管道，矮柜、吊柜的高度与安装高度均要满足人体工学要求，方便使用。

（3）卫生间。卫生间应注意地漏质量和漏水能力的处理，马桶、洗漱台的防臭处理，一般采用淋浴器，在公共卫生间不建议采用浴缸，有条件可以采用干湿分离。卫生间注意防滑、防潮等处理，尤其是家有老年人的更要安装一些扶手、夜灯等适老性、无障碍的设计。卫生间的位置最好与厨房接近，因为在一定的时间内客户洗澡仍以煤气热水器为主，应有较完善的配件，如坐便器、淋浴器、洗面盆、毛巾杆、浴盆扶手、散热器、挂衣钩、给排水、地漏、电气管线、排风道等。

4. 跃层式居住空间 跃层式住宅指一套住宅占上下两个楼层，通过内部楼梯连接上下层空间。它一般分为顶层套型、中间套型、首层套型三种类型，其室内净高低于2m的地方是不计算面积的。对跃层式住宅的研究最早是德国的恩斯特·希勒，他首先发表“多层包厢式住宅”，即住宅每单元位于2个平面层，下层为两层通高的进厅和公共房间，上层带有回廊，连接4间卧室。之后国外对跃层式住宅的形式进行了探索，其中现代建筑大师勒·柯布西耶在1952年设计了马赛公寓（图1-37、图1-38）。跃层式住宅具有以下一些特点：

图1-37

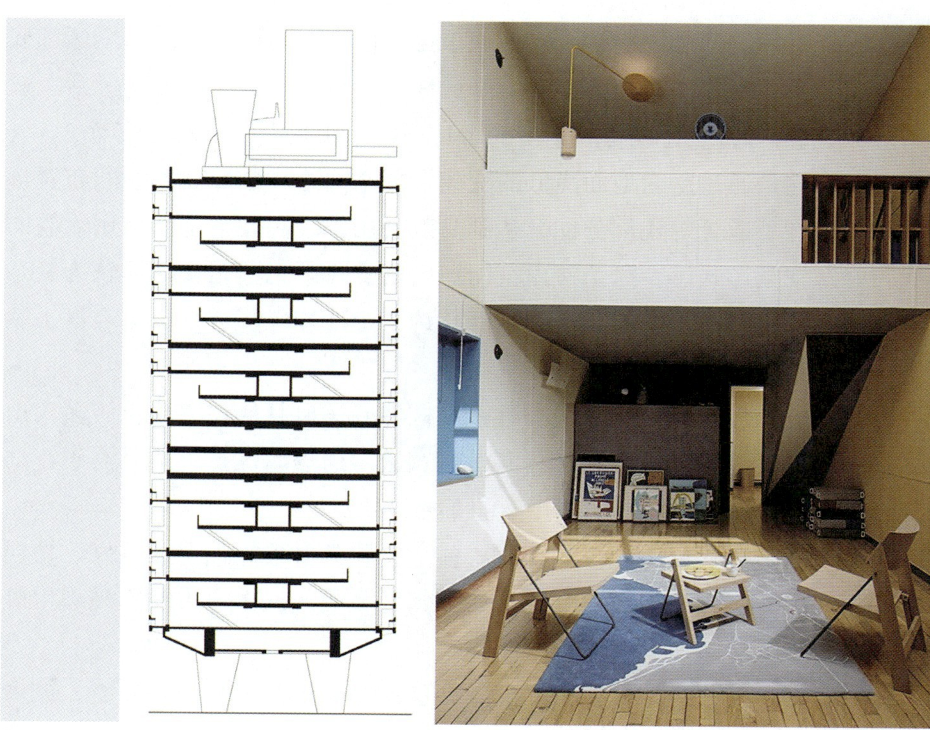

图1-38

（1）功能分区更为明确。跃层式住宅一般都有2层或多层，第一层一般为家庭公共活动区域，包括玄关、起居室、客厅、餐厨、卫生间等；第二层则是主卧、儿童房、书房以及家庭公共用房。这样就实现了一层是公共区域，二层是私密区域，从而实现功能分区更为明确。

（2）空间变化灵活多样。跃层式住宅室内一般都有楼梯作为内部垂直交通，它打破了普通一层住宅单调的平面形式，采用多种设计手法，使室内居住空间环境更具立体化、层次化，提高室内空间使用效率。此外，高低变化的空间可以形成错落有致的室内空间和造型丰富室内立面。

（3）户型适应性和延展性较大。跃层式住宅灵活多变的格局满足了使用者的不同需要，它使住宅室内外功能得到延展，居住体验感较好，采光和通风、视觉空间效果较好。在住宅成为人们饮食起居的私有空间的同时，也赋予其能够创造社会价值的公共空间的职能。

从空间形式划分，跃层式空间主要有以下几种类型：

（1）整体叠加式。它是把单层面住宅的平面进行复制叠加一层，适用于面积较大的跃层式住宅中。该类住宅具有功能分区明确、平面布局合理、住宅设施齐全、公共与私密空间划分较好等特点，为业主创造一个更为舒适的居住空间。

（2）复层式。复层式住宅一般有以下两种情况，一是跃层的复式，即居住空间内部上下层是独立的，具有空间体验感好、视觉效果佳、功能分区好等特点；二普通的复式，即普通住宅内部上下两层处于同一视线空间，根据室内上下两层分为高层主区和底层夹层两部分，可根据业主需求进行合理分割，降低综合造价，具有空间改建灵活、造价相对较低、阁楼loft风格等特点，在空间紧凑的小户型中采用具有一定的现实意义。

（3）交叉错层式。它是通过室内地面高低的变化实现空间连续与分离的空间布置形式，对不同空间高度进行了适合的比例分配，达到高效利用、提高住宅空间使用效益的目的，同时形成较好的视觉形式感，赋予室内空间一定的变化。尤其是在地形较为复杂的山地方面更为适合建造交叉错层式的住宅，这既节约了土地和经济成本，又丰富了室内空间层次。

（4）跃廊式。它通过内或外走廊连接的一种跃层式住宅，以高层住宅建筑居多。由于它采用小楼梯作为层间联系，从而实现了公共过道宽敞、通透等优点，同时由于有结构、设备管道等复杂布置，导致不适合中小户型的布局等缺点。

（5）顶部跃层式。顾名思义就是顶楼的跃层式住宅，它具有采光强、通风好、功能布局明确、室内面积较大等优点，但也存在顶楼的漏水、太晒、发生火灾时不易逃生等缺点。

5. **错层式居住空间**　错层是指一个户型在结构上有两个或者多个不同高度，或者有着上中下三层及两层的不同功能空间，上层为休息区——卧室和书房，下层为社交和用餐区——客厅和厨房。它比较新颖、前卫，具有功能较大合理性、搭配独特、私密性较好、生活居住的品位较好等优点，同时存在没有考虑老年人、儿童以及残障人士的居住要求，在结构设计方面，有抗震性、结构性等局限性较大的不足之处。错层住宅客厅的层高较高，一般有4.2~4.5m，这样会打破传统小户型的拥挤，给人一种耳目一新的感觉（图1-39、图1-40）。错层式居住空间有以下特点：

图1-39

图1-40

（1）小户型的功能空间。小户型住宅空间具有现代、紧凑、时尚等特点，适合年轻人居住，由于错层式空间会给人们带来意想不到的效果，这样的小户型住宅只要设计得合理，在目前的都市社会里，对于刚毕业的年轻大学生、就业人员还是有很大的市场。它是由两个错层形成一个组合，住宅平面布置一般呈南北方向，便于通风与采光，底层没有走廊，每个单元分别占据南北方向，两个宽度接近采光面宽。一般来讲有三个特点，第一，每户错层户型的室内空间与其他住宅空间一样，包含客厅、餐厅、厨房、卫生间、卧室、书房、阳台等实用空间，同时还有大露台。第二，下层都为公共空间，如客厅、厨房、餐厅阳台等空间，上层为卧室、书房、独立卫生间等私密空间。第三，它与大平层住宅最大的区别在于不同的层高和露台对于业主是不一样的享受和体验。

（2）利用家具和隔断对户型丰富化设计。隔断、墙体、家具等在居住空间设计中应用很广泛，尤其在小户型住宅中，更是要把隔断和家具充分利用起来，实现一物多用、多功能的使用，力争达到美学与实用相结合。第一，隔断本是就是一道风景。由于小户型住宅空间不是很大，就需要利用各种隔断进行有效、有序的分割，既能做到空间分割、空间围合，又能达到审美统一、视线通透等性能。可以采用线帘、布艺、博古架、展示架、透光玻璃等材质进行设计，从而使房屋整体更具层次感与和谐性。第二，多功能家具使用。尤其是在当代家具行业快速发展，很多多功能家具出现在住宅空间中，如沙发床一体化、茶几坐凳一体化、暗藏柜子与床一体化等多功能百变家具的出现，为住宅提供了较大的选择和使用的可能性。第三，空间具有一定的层次感。错层空间需要室内设计师根据住宅空间和业主需求进行后期设计，这样会产生较好的空间感、层次感和艺术感。设计师利用色彩、灯光、家具以及软装进行良好的设计，使住宅空间更加时尚、轻巧、美观。

（3）色彩在小户型空间的搭配和应用。色彩是住宅空间设计成本最低的部分，在小户型住宅空间里，一般采用浅色调色彩多一些，同时配合其他色彩进行搭配和装饰，从而实现小户型大空间的视觉效果。想让小空间看起来不那么拥挤，可尽量选用浅色主调，再通过明暗对比实现。同色系、同材质的横条纹的造型或配饰会使视觉空间得到最大限度的延伸。第一，小户型色彩搭配主要还是以大面积的墙面、天花板、地面的背景色为主，这些界面的色彩多为浅色调，根据业主实际情况选主色调。同时配合家具、隔断、布艺等主题色进行色彩同色系调和和互补色对比等色彩设计，最后根据饰品、展示品、摆件等点缀色进行最后的“出彩”、点睛的设计，从背景色、主题色、点缀色按照一定的比例和色彩学进行搭配和调和，最终实现色彩视觉效果。第二，室内设计中的色彩设计根据室内设计风格而定。由室内风格确定整个空间的色彩基调和色调，实现空间的美感和韵律，实现功能与美学的统一。色彩是室内设计的灵魂，能够扩大人们的心理空间，满足人的生理需求和心理需求，体现人性化的设计思想，是对人性的尊重。

6. **别墅式居住空间** 它是一种改善型住宅、享受型住宅，一般在郊区或风景较好的地方建造的3~4层的住宅，有独立的庭院。它是一种人与自然景观密切相连的终极住宅形式，更是一种休闲、愉悦、融入自然环境的生活方式的体现。别墅建筑特点是建筑体量较大，面积大，室内外建筑风格和设计语言实现一体化设计，总体呈现因地制宜、时尚大气、景色宜人、简洁灵巧等特点（图1-41、图1-42）。

别墅式空间设计形式多样，按照建筑形式一般分为：乡村式、独栋式、联排式、双拼式、叠加式以及空中式。

（1）乡村式别墅。一般指在乡村建造的别墅，是人们为了追求人与自然环境和谐共处而在乡村或郊区建造的适合居住的别墅建筑。

（2）独栋式别墅。即独立的建筑、独立的庭院，一般有独立空间、私家花园、地下室、绿地、庭院、泳池等空间，是私密性很强的独立式住宅。

（3）双拼式别墅。即两个单元别墅拼联组成的独栋别墅，将一个建筑镜像成两个单元住宅的形式，它是联排别墅与独立式别墅之间的中间产品，属于两种形式的综合体。

（4）联排式别墅。它发源于英国，一般指邻居之间共用墙体，但是独门独户。具有低密度、低容积率、环保节能等特点，同时具有配置有限、交通成本较高、私密性不好等缺点。

（5）叠加式别墅。它是别墅与公寓住宅的组合体，介于别墅与公寓之间，由多个多层的复式住宅空间叠加而成。一般具有低层、低密度等特点。

（6）空中别墅。即指“空中楼阁”，一般指在高层住宅顶端建造的别墅住宅形式。

图1-41

图 1-42

别墅建筑设计风格多样化，根据居住者的需求大体上呈现以下几种特点：

（1）简洁、现代风格的表现手法。当代社会最主流的风格就是简洁、现代，由于社会信息爆炸泛滥、城市拥挤，人们越来越喜欢简约、明快的现代风格。这种风格不浮躁、不浮夸，让人视觉感受简洁、直截了当，在空间上体现趣味性、时尚性和间接性，在造型上以点线面几何元素进行设计，在色彩上突出黑白灰或者温馨色调为主，在灯光材质上追求质感和品质，实现简约而不简单的设计效果（图 1-43）。

图 1-43

（2）“高科技”的表现手法。高科技是在建筑形式上突出当代技术，突现科学技术的象征性。在别墅室内外采用高科技的手法进行设计，给人们带来一种科技性、便捷性和时尚性，它赋予别墅设计一种新的美学价值。在造型上大胆创新，富于变化，追求灵活和流畅，在材料上采用合成材料、新材料，尤其是5G时代的到来，别墅建筑中采用了声控、VR、AR等技术实现高科技在别墅中的应用。

（3）欧式风格表现手法。欧式风格总体给人们一种高贵、端庄、大气的感受，主要以古罗马、古希腊时期的建筑风格为原型进行相关变异或变化的建筑设计，建筑外观采用大理石装饰、罗马柱、台阶等形式，材料上采用欧式风格的石膏线、窗花等烦琐装饰，庭院一般建有喷泉、绿地、阳光房、欧式景观等庭院元素，以体现欧式风格的古典美。

（4）中式风格表现手法。中式风格是我国最具代表的一种建筑风格，目前多以江南建筑设计风格为主，尤其是江南园林、徽派建筑为典型，中式风格在建筑上主要体现建筑立面、屋顶及庭院，给人粉墙黛瓦、小桥流水的感觉。建筑立面有梁柱、窗、眉等，尤其是窗户有方形、八边形、圆形等形式，富有较多变化，空间布局灵活多变，根据庭、院、天井进行合理布局，因地制宜。室内家具也采用中式的，给人以端庄、古典之美（图1-44）。

图1-44

第五节　居住空间设计与其他学科的关系

一、人体工程学

1. **人体工程学简介**　人体工程学也称人机工程学，它是一门独立的学科，早期注重交通工具与人的结合，而今转移到环境、建筑领域，关注人与机械、人与环境、人与空间、物与环境之间的相互作用，是为人—机—环境协调配合到最佳状态的工程系统提供理论方法的科学。它已成为建筑学、室内设计专业具有重要影响的学科知识，也是室内设计师必须具备的基础知识之一。

（1）确定人和人际在室内活动所需空间。根据人体工程学相关测试数据，从人的尺度、动作域、心理空间以及人际交往的空间等，以确定空间范围。

（2）确定家具、设施的形体、尺度及其使用范围。室内家具和设施要以人体工学和空间比例为依据，尤其是人的静态尺度和动态尺度是不一样的，而空间大小、造型、场域等不同也影响家具的选择和使用，它有一个最大尺度感和最小尺寸值，尺度感相对于居住空间来讲，也就是说在不同空间对家具的尺度感是不一样的；尺寸值相对于人来说，家具选择根据自身尺寸来设计，尤其是厨房，人们在这里操作较多，相应的台面高度、宽度、柜子高度、进深等因人而设，这样才会创造出更加温馨的室内设计。

（3）提供适应人体的室内物理环境的最佳参数。室内物理环境主要有室内热环境、声环境、光环境等，对居住空间设计时，如果有相关室内物理环境的参数，这样我们就可以更好地结合相关参数进行详细周全的整体设计，对整个空间做出正确的判断和决策。

2. **室内设计与人体尺寸**　人体尺度是建筑装饰设计的最基本的资料，因为建筑装饰设计最终是为人服务的。只有客观地掌握了人体的尺寸和四肢活动的范围，才能准确地把握人在活动过程中所能承受的负荷以及生理、心理等方面的变化情况（图1–45）。

人体尺度从形式上可分为两类：一类为静态尺度，一类为动态尺度。

（1）静态尺度是指人体处于固定标准状态下测量的尺寸，它与人体有直接关系的物有关，主要为各种家具、设备、设施提供参数依据。常见的人的静态尺寸包括站、立、坐、卧、蹲等尺寸。

（2）动态尺度是指人们在进行某些功能活动的人体尺寸。在运用动态尺寸时，应充分考虑人体活动的各种可能性，考虑人体各部分协调工作的情况。我国地域辽阔，人体尺寸亦有所差异，如表1–2是按较高、较矮及中等三个级别所列尺寸，以供参考。

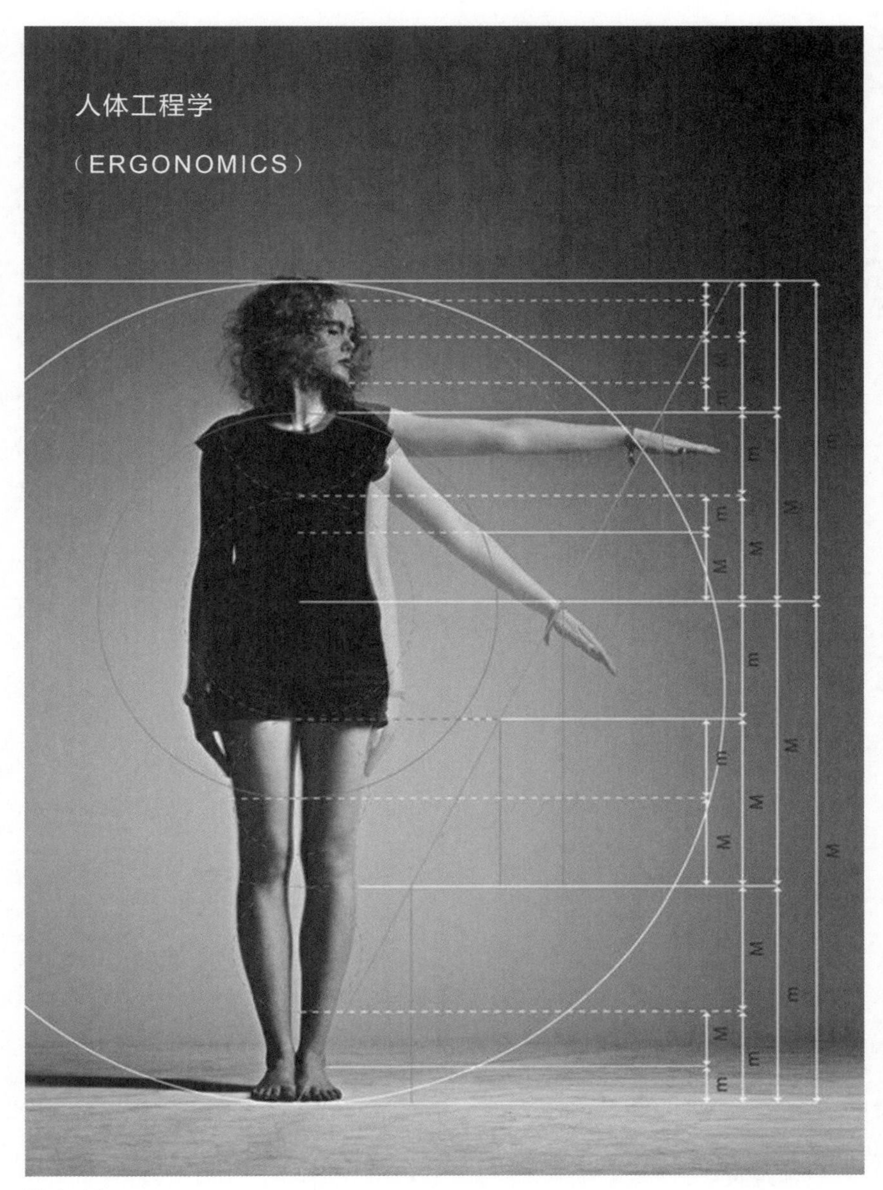

图 1-45

室内设计对空间布局和尺寸要求是比较高的，设计的格局合理让空间更加的宽敞舒适，尺寸的合理性让生活家居更方便简洁，室内设计涵盖的一大重点就是尺寸的设计——人体工程学。

人体工程学是探讨人与环境尺度之间关系的一门学科，通过对人类自身生理和心理的认识，并将有关的知识应用在设计中，从而使环境适合人类的行为和需求。人体构造与人体工程学关系最紧密的是运动系统中的骨骼、关节和肌肉，这三部分在神经系统支配下，使人体各部分完成一系列的运动。骨骼由颅骨、躯干骨、四肢骨三部分组成，脊柱可完成多种运动，是人体的支柱，关节起骨间连接且能活动的作用，肌肉中的骨骼肌受神经系统指挥收缩或舒张，使人体各部分协调动作。

表1-2　我国不同地区人体各部平均尺寸

编号	部位 单位（mm）	较高人体地区 （冀、鲁、辽）		中等人体地区 （长江三角洲）		较矮人体地区 （四川）	
		男	女	男	女	男	女
1	身高	1690	1580	1670	1560	1630	1530
2	最大肩宽	420	387	415	397	414	386
3	肩峰点至头定点高	293	285	291	282	285	269
4	正立时眼的高度	1573	1474	1547	1443	1512	1420
5	正坐时眼的高度	1203	1140	1181	1110	1144	1078
6	胸厚	200	200	201	203	205	220
7	上臂长	308	291	310	293	307	289
8	前臂长	238	220	238	220	245	220
9	手长	196	184	192	178	190	178
10	肩高	1397	1295	1379	1278	1345	1216
11	两臂展开宽之半	867	795	843	787	848	791
12	坐姿肩高	600	561	586	546	565	524
13	臀宽	307	307	309	319	311	320
14	脐高	992	948	983	925	980	920
15	中指指尖点高	633	612	616	590	606	575
16	大腿长度	415	395	409	379	403	378
17	小腿长度	397	373	392	369	391	365
18	足背高	68	63	68	67	67	75
19	坐高	893	846	877	825	850	793
20	腓骨头的高度	414	390	407	382	402	382
21	大腿水平长度	450	435	445	425	443	422
22	坐姿肘高	243	240	239	230	220	216

室内设计时人体尺度具体数据尺寸的选用，应考虑在不同空间与围护的状态下，人们动作和活动的安全，以及对大多数人的适宜尺寸，并强调其中以安全为前提（图1-46）。

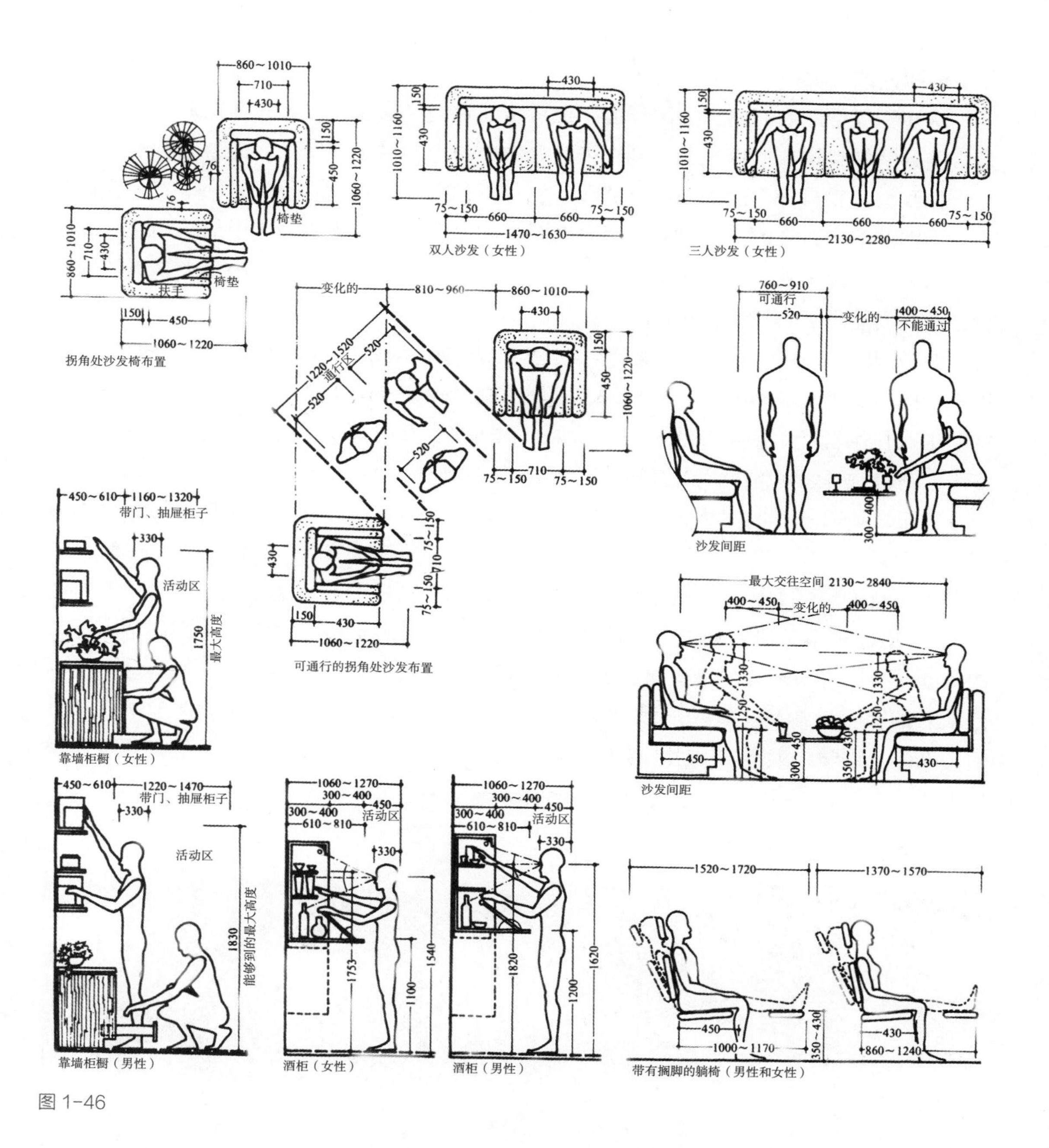

图 1-46

二、环境心理学

1. **环境心理学的认知** 环境心理学是研究环境与人的心理和行为之间关系的一个应用社会心理学领域，又称人类生态学或生态心理学。主要还是研究物理环境，包括噪声、空气质量、温度及个人空间等，它非常重视人工环境中人们的心理倾向，把选择环境与创建环境相结合，人在室内环境中的心理和行为既存在个体之间的差异，又具有整体上的相同或类似性。

认知不仅帮助人们熟悉周围环境，也可帮助我们寻找快捷方式和环境资源。因为这是大脑的认知架构，所以也会受到个人喜恶的影响，而对于环境认知能力有所不同。例如：你我只记得自己喜欢去的地点路线图，却不记得不喜欢或是很少去的地方。这是因为认知图的能力，会因为好恶影响而具有弹性，当我们希望探索环境中的路径时，此环境讯息就能轻易地输入到我们的大脑中，成为该区域的认知图能力，经由大脑组织的整合，使我们能更了解到环境的状况及认知。

2. **环境心理学与居住空间设计** 环境空间需要根据人们的生活经验及需求来营造，体现人的行为活动要求和心理要求，与社会文化、风俗习惯方面有内在联系，同时环境空间也对使用者产生影响，通过人的知觉过程而改变其心理模式，从而形成一定的行为方式。它包含了领域性和个人空间、空间形态与心理行为、从众性与趋光性几个方面。

关于环境心理学与室内设计的关系，《环境心理学》一书中译文前言内的话很能说明一些问题："不少建筑师很自信，以为建筑将决定人的行为"，但他们"往往忽视人工环境会给人们带来什么样的损害，也很少考虑到什么样的环境适合于人类的生存与活动"。环境心理学是研究环境与人的行为之间相互关系的学科，它着重从心理学和行为的角度，探讨人与环境的最优化，即怎样的环境是最符合人们心愿的。环境心理学是一门新兴的综合性学科，环境心理学与多门学科，如医学、心理学、环境保护学、社会学、人体工程学、人类学、生态学以及城市规划学、建筑学、室内环境学等学科关系密切（图1-47、图1-48）。

图1-47

图 1-48

思考题

1. 作为室内设计师应具备哪些职业技能?
2. 居住空间设计的原则有哪些?
3. 别墅式居住空间内涵是什么?
4. 试着讲讲您对居住空间设计的理解以及定义的分析?

第二章　居住空间设计前期准备、程序与方法

第一节　家庭问卷、访谈

一、家庭问卷

居住空间设计的主要目的是解决客户空间的问题以及提升居住者生活品质。设计师通过前期与客户进行有效交流，了解客户需求，为项目后期的精准实施做铺垫。一个项目的落地到施工离不开整个团队的密切配合和前期准备。首先，与客户进行初步交流与沟通，可以采取制作家庭调查问卷表的形式对客户的需求进行初步整理。调查问卷表可以参考图2-1，对于家庭问卷表的问题设计需要结合居住空间设计规范进行合理设置。例如，客户对于空间房屋间数的需求，使用对象以及家庭成员人口数，有无特殊设计需求，对于空间收纳的需求量有多少，以及大体设计风格意向需求，是否有智能家居系统设计需求，以及对于整个空间家装设计的大概预算范围。其次，通过家庭问卷形式对客户的需求进行初步了解后，再和客户进行沟通交流。交流的时候切记要直接询问客户对于风格的需求。可以进行引导式向客户介绍大体的设计风格与设计方案，并进行访谈和交流，对于设计师为客户需求设计提供理论依据，同时也为后期的设计沟通减少了很多不必要的麻烦。访谈的成功与否往往与后期设计需求实现成正比，当然最主要的目的是有效解决客户需求的同时提升居住环境，设计是改变人类生活方式的艺术创造活动（图2-1）。

首先，问题应该指的是设计定量问卷，是定量调查采用的，定量调查是指选取一定数量的有代表性的样本（用户）来做以封闭式问题为主的问卷，调查结束后收集数据并进行分析，最终撰写调查报告。除去定量调查，行业内还有定性调查，这里就不多说了。其次，定量调查也分多种调查方式，我的工作经常采用定量调查方式，包括电话访问、邀约面访、拦截面访等三种方式（邀约面访是指在访问之前电话邀约好时间和地点，只要邀约成功，一般访问的效果和成功率会相对较高；而拦截面访是在被访者相对比较集中的地方随机拦截，符合条件就可以访问）。根据调查方式的不同，定量问卷的时长和内容也应该有所区别，譬如电话访问，如果没有礼品和礼金的话，一般来说访问时间在10分钟以内效果较好，时间较长被访者的拒访率会很高；同时电话调查的问题应该让问题和选项简单易懂，避免复杂的问题和逻辑跳问等。拦截面访如果有礼金或者礼品的话，个人建议在30分钟以内做完较为合适。

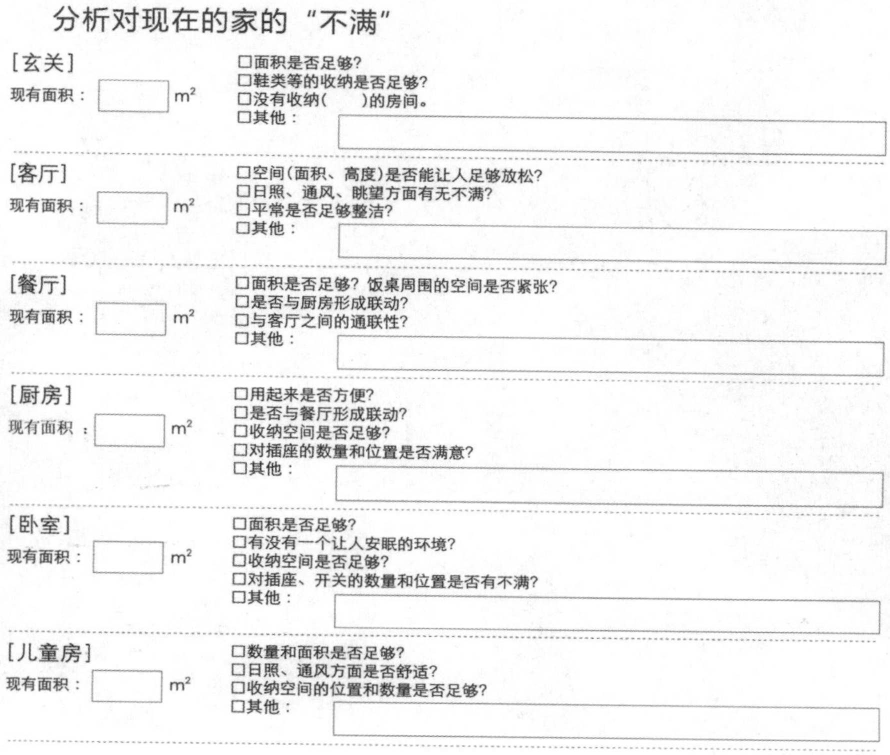

分析对现在的家的“不满”

[玄关]
现有面积：____ m²
□面积是否足够?
□鞋类等的收纳是否足够?
□没有收纳(　　)的房间。
□其他：

[客厅]
现有面积：____ m²
□空间(面积、高度)是否能让人足够放松?
□日照、通风、眺望方面有无不满?
□平常是否足够整洁?
□其他：

[餐厅]
现有面积：____ m²
□面积是否足够? 饭桌周围的空间是否紧张?
□是否与厨房形成联动?
□与客厅之间的通联性?
□其他：

[厨房]
现有面积：____ m²
□用起来是否方便?
□是否与餐厅形成联动?
□收纳空间是否足够?
□对插座的数量和位置是否满意?
□其他：

[卧室]
现有面积：____ m²
□面积是否足够?
□有没有一个让人安眠的环境?
□收纳空间是否足够?
□对插座、开关的数量和位置是否有不满?
□其他：

[儿童房]
现有面积：____ m²
□数量和面积是否足够?
□日照、通风方面是否舒适?
□收纳空间的位置和数量是否足够?
□其他：

图2-1

二、访谈

访谈是管理咨询获取信息的一个常用方法。依据Mishler的看法，访谈为访问者与受访者双方进行“面对面的言辞沟通，其中一方企图了解他方的想法与感觉等”，因此“有一定目的，且集中于某特定主体上”。访谈法是收集资料的重要方法，目前在设计学领域已普遍使用访谈法，依访谈整体结构分类，可将访谈分为“结构性访谈”“非结构性访谈”与“半结构性访谈”三种，访谈过程控制、访谈情况及答复内容之质量各有所别，见表2-1。同时访谈也是引用写作研究的文体之一,一共分四部分，一是典型问题；二是回答原则；三是回答实例；四是艰难/模糊的问题的回答。居住空间室内设计访谈主要是针对客户的家人进行访谈，主要了解他们各自的需求，生活习惯、爱好、空间使用、身体状况等方面，其目的是更好地设计出符合客户要求的居住空间，实现实用性、审美性和精神需求的有机统一（图2-2）。大致分为以下六个步骤：

步骤一，前期准备：①了解业务现状；②准备访谈大纲；③模拟访谈过程。

步骤二，澄清问题：①实现轻松开场；②澄清访谈目的；③说明保密等事宜。

步骤三，分析问题：①理清业务目标；②分解业务举措；③明确工作任务。

图 2-2

步骤四，深挖痛点：①挖掘工作难题；②弄清问题情境；③探讨问题原因。

步骤五，达成共识：①确认学习需求；②探究行为目标；③界定业务收益；④探询项目期待。

步骤六，赢得支持：①征询方案建议；②寻找相关资源；③试探Sponsor；④确定行动计划。

表2-1　访谈方式分类比较表

类别	访谈过程严密	访谈过程半控制	访谈过程无设限
访谈整体结构	结构性访谈	半结构性访谈	非结构性访谈
访谈过程控制	标注化访谈	焦点访谈	开放式访谈
访谈情景	正式访谈	半正式访谈	非正式访谈
答复内容之质量	调查访谈	深度访谈	深度访谈

第二节　场地调研分析

一、场地分析

居住空间设计的前期调研中，要对场地进行调研和分析。一般来说，场地分析的整个过程，就是对项目地点物理、社会特征的评估，以此发现当下环境中存在的优缺点，从而在今后设计中，有针对性地解决问题，有效增强内部与外部环境的联系，寻找一个最恰当也最适宜的解决方案。场地调研是建筑设计的逻辑构建的初步过程，对居住空间来讲，它能够帮助设计师确定建筑的位置、方向、形式以及不同空间的差异性和重要性，这对后续的设计具有“因地制宜”的效果（图2-3、图2-4）。

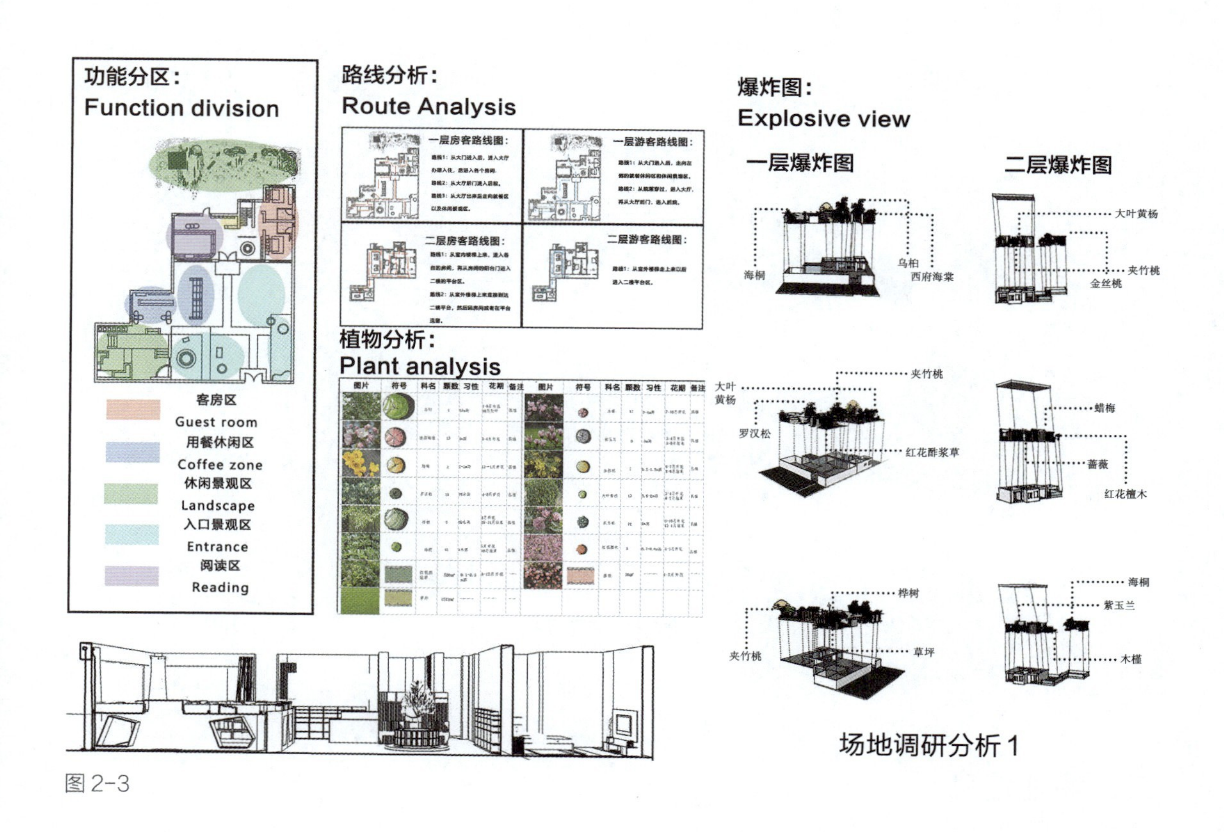

图2-3

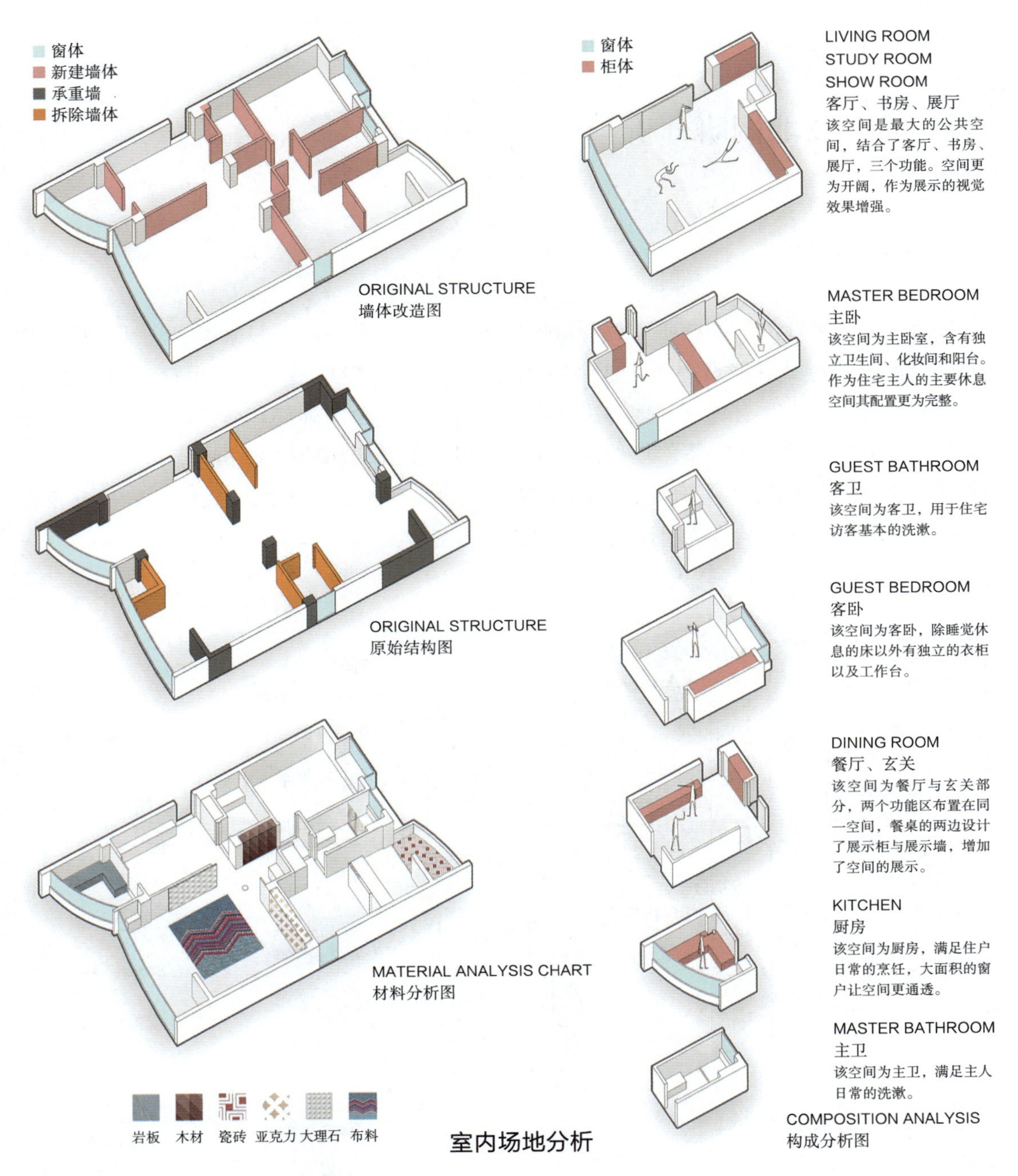
窗体
新建墙体
承重墙
拆除墙体
ORIGINAL STRUCTURE
墙体改造图
ORIGINAL STRUCTURE
原始结构图
MATERIAL ANALYSIS CHART
材料分析图
岩板
木材
瓷砖
亚克力
大理石
布料
室内场地分析
窗体
柜体
LIVING ROOM
STUDY ROOM
SHOW ROOM
客厅、书房、展厅
该空间是最大的公共空间，结合了客厅、书房、展厅，三个功能。空间更为开阔，作为展示的视觉效果增强。
MASTER BEDROOM
主卧
该空间为主卧室，含有独立卫生间、化妆间和阳台。作为住宅主人的主要休息空间其配置更为完整。
GUEST BATHROOM
客卫
该空间为客卫，用于住宅访客基本的洗漱。
GUEST BEDROOM
客卧
该空间为客卧，除睡觉休息的床以外有独立的衣柜以及工作台。
DINING ROOM
餐厅、玄关
该空间为餐厅与玄关部分，两个功能区布置在同一空间，餐桌的两边设计了展示柜与展示墙，增加了空间的展示。
KITCHEN
厨房
该空间为厨房，满足住户日常的烹饪，大面积的窗户让空间更通透。
MASTER BATHROOM
主卫
该空间为主卫，满足主人日常的洗漱。
COMPOSITION ANALYSIS
构成分析图

图 2-4

二、场地信息

场地分析的数据大致分为两大类：硬性物理数据和人体感官类数据。硬性数据，主要包括场地边界，场地区域，公共设施位置、尺寸，场地特征，气候，法律信息等，这是早期现场调研中需要重点查看的第一步数据信息。人体感官类数据即视觉、听觉、味觉、触觉、嗅觉等五觉的感受，在某种程度上，这会影响建筑或者室内空间材料选择、空间处理、功能排布等。只有通过以上数据的归纳总结，才能在项目设计中寻找更系统的方式进行设计（图2–5）。

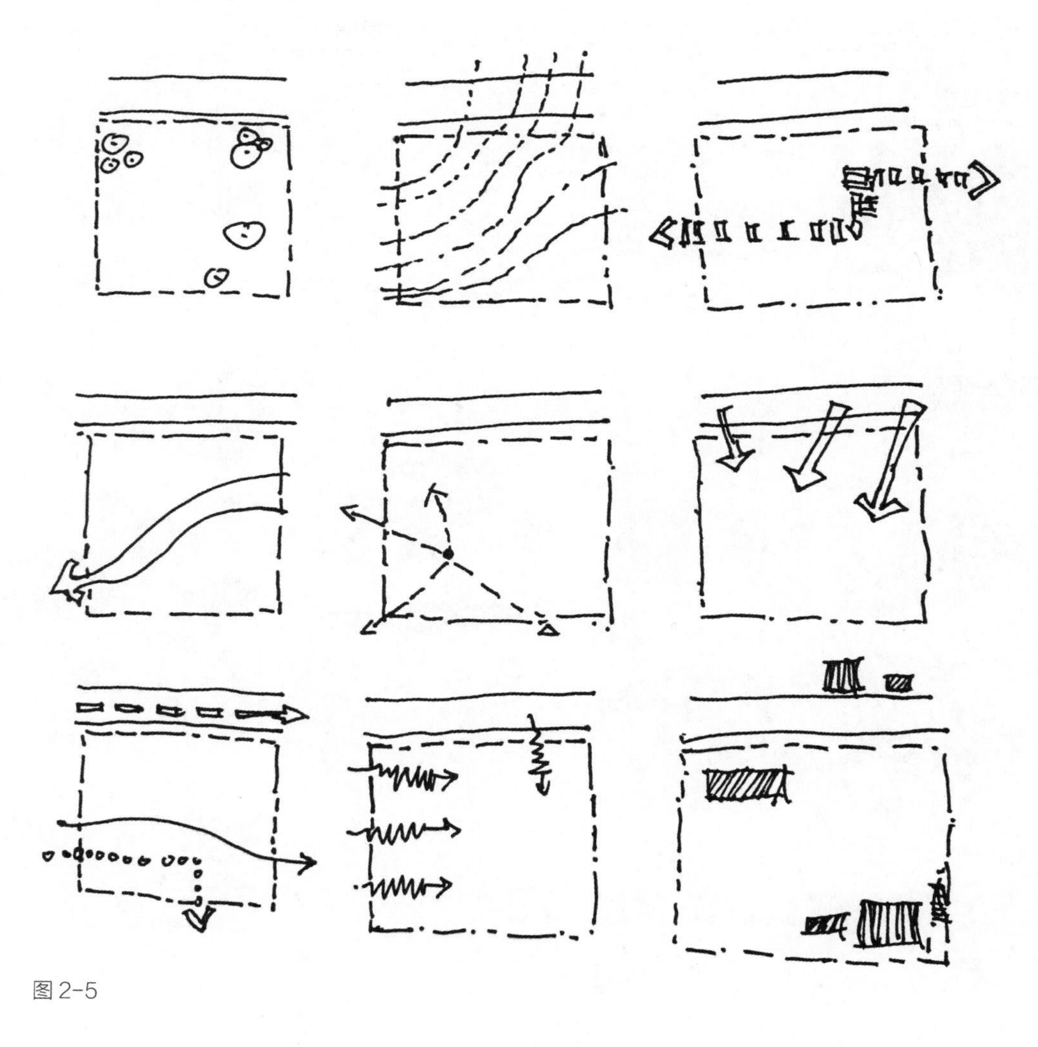

图2–5

三、筛选、提炼与深化

通过对场地的具体分析及对数据的初步整理，设计师对于项目场地已有一定的基本了解和掌握，这个时候，就是要根据已选定的项目主题与观点，对场地数据进行筛选与提炼，从而进一步深化方案的设计。如果主题是为了空间使用率，就需要对场地的层高、尺寸、共享等方面展开具体调查。如果是为了达到文化精神需求，一个自然放松的环境，就需要考虑绿植、生态、季风、噪声和温度等因素。最终在方案设计中，则需要重点呈现出项目的基础背景、项目观点、场地限制、现有的条件以及关键特征等。具体阐述希望通过设计解决的关键领域以及设计过程中影响设计的主要因素，从而构建出设计意图和最初的概念草图（图2-6）。

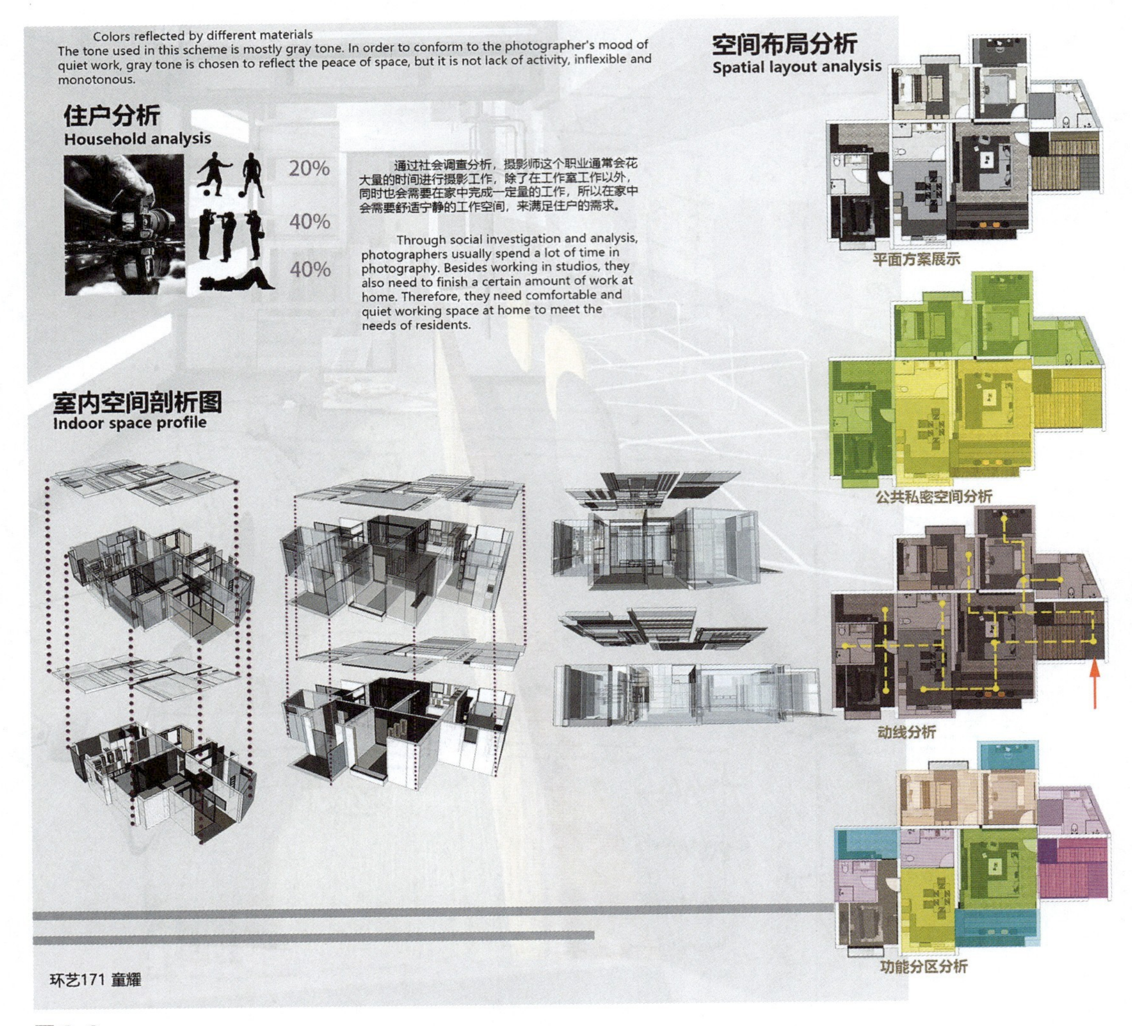

图2-6

设计师通过对项目基地走访调查，发现和整理居住区存在的问题并现场进行记录，场地调研分析涵盖的方面有很多，首先对空间进行大体的观察和分析，如果是别墅居住空间的话，还应同时考虑房屋周围的居住环境对室内空间设计的影响。场地调研分析应从以下几个方面进行剖析。

（1）居住室内外环境分析。居住室内外环境应作为一个整体考虑，居住区室内外环境影响着室内居住区设计的方方面面，环境的不同，设计师应对解决的方案也不相同。设计从因地制宜出发，满足设计需求的同时更加注重自然规律。从物理角度出发，影响室内外环境的因素有，温度、湿度、光线的强度、所处的地理位置、极端恶劣天气影响等。

（2）室内采光环境的分析。居住空间采光的好坏对于居住者的居住体验是有很大影响的。好的采光环境可以使室内宽敞明亮，差的采光环境则相反。设计师前期去现场调研时需对居住空间采光环境进行评估，包括窗户的大小、阳台的位置尺寸等进行确认，为后期的设计做参考依据。

（3）室内排水管道和烟道位置分析。居住空间排水管道和烟道的位置直接决定着卫生间和厨房的位置，管道位置的高度应进行现场精确测量，管道位置是否可以改动，管道怎么排布，也为后期平面方案布置作为参考依据。

（4）室内空间尺寸精准量房。从入户门开始在纸上按比例先画出居住空间内侧墙面与地面所形成的实线房屋框架，大体框架画好后，再用双实线进行门窗位置的精确标注。再标上相应的尺寸，最后把室内梁的位置用虚线进行标注，梁距地面的高度，以及室内空间层高的高度。标注尺寸应始终与手绘平面图保持平行，目的是后期软件放图不会出错，规范画图标准。

（5）房屋原始平面图分析。场地调研分析包括对房屋原始平面图进行分析，了解墙体的承重结构有哪些，承重墙的位置与非承重墙的位置在哪里。从原始房屋结构的安全性进行考虑，是否需要对存在的安全隐患进行后期的加固或者排除。这些问题直接影响着后期设计的顺利与否。

（6）空间尺度大小分析。针对现场空间尺度大小，进行记录，根据客户家庭成员的人体工程学比例进行设计，居住者对空间活动尺度的舒适度进行评估。

四、归纳与总结

居住空间设计的准备阶段分为以下几个部分：

（1）接受任务。接受甲方（客户）住宅设计的委托项目。

（2）交流访谈。与甲方（客户）进行交流，了解业主的性格、爱好、职业、品位及家庭人口组成等基本情况，了解每个家庭成员的居住需求和爱好等，明确相关信息，后续继续对客户家庭成员进行访谈，全面了解功能需求、预算、风格等相关详细资料和信息，为后续设计做好准备和铺垫。

（3）场地调研。去甲方（客户）的住宅现场进行实地调研和现场勘查，测量室内空间尺寸，绘制空间结构图，详细标注出层高、梁柱长宽高等详细数据，并手绘完成居住空间的初步平面布置方案（图2–7）。

（4）场地分析。结合场地调研数据和地形，从采光、通风、现代设备等方面进行合理分析，了解场地区域优势和劣势，做到心中有数，继续深化居住空间的平面方案。

环设171学生场地测绘与调研

图2-7

（5）明确预算和材料。明确甲方（客户）的整个预算，与客户沟通，让客户透明化了解所使用材料的品牌、价格、质量、防火等级和环保指标等内容。

（6）明确施工工期。根据设计内容制定工作流程，明确各个工种的交接和衔接，按照施工进度表进行有效施工。

（7）签订合同。与业主商议并确定设计费用，签订设计合同，收取设计定金。

居住空间设计的前期准备应从人与环境的两个层面出发，首先是人，就是针对客户本身，对客户需求进行问卷调查，对客户需求进行初步了解。客户需求使得设计师对居住者的要求进行定位，也同时为设计的开始奠定基础。前期调研分析不仅考虑到功能需求，而且应该对居住者家人进行人体工程学测量，满足科学、合理、舒适的设计原则。其次是环境，居住空间环境评估对于室内设计也是非常重要，我国提出了“健康住宅”理念，国家住宅工程中心向社会发布了“健康住宅建设技术要点”，制定了72个衡量标准。

第三节　居住空间前期意向分析

一、公共空间氛围营造

1. **客厅**　客厅又称起居室、会客厅，是居住空间最重要的空间，是最能反映业主身份和品位的空间（图2-8）。它往往是居住空间设计与室内装修的重点，体现业主的品位和审美情趣。客厅良好空间环境的营造主要通过空间总体氛围、设计风格、色彩材质、光影肌理、施工工艺等方面的综合设计，它是人们通过视觉、触觉、听觉等方面的身体感知后，让人产生身心愉悦、舒适温馨的一种感觉。首先是氛围营造，即从视觉方面对室内色彩、材质、灯光和家具有一个对比与统一的设计协调，在统一的设计风格下又有一些色彩、光影、材质的变化，实现空间的层次感，从空间上中下三个层面按照空间密度美学和比例进行搭配和设计，从而实现空间氛围的营建与设计。其次是室内设计风格统一，客厅的电视和沙发背景墙是客厅设计最重要的载体，通过不同材料、色彩、灯光和肌理实现风格的统一。然后是家具的选择，尺度宜人、符合人体工程学的家具让业主身心得到放松，如组合沙发、椅子、条案、茶几等摆放与陈设，便于人们交流与交

图2-8

谈。客厅如果摆放钢琴，更会增添客厅的意境，当琴声响起，弹琴者和听琴者都能够相互看见，相互都是一道漂亮的风景线。最后是软装搭配，居住空间的品位和意境全靠后期的软装设计体现，它是整个客厅的点睛之笔。客厅的软装主要是家具、布艺、软包、饰品、挂画、植物等选择和搭配，尤其是灯光设计，应该从灯光亮度、色温、层次等方面按照直接照明、间接照明和局部照明进行有层次的灯光设计，尤其是一些氛围灯的使用，能为客厅增加光彩，点靓空间。

2. **餐厅**　餐厅是家人进餐的空间，一般都与厨房联系在一起形成餐厨一体（图2-9），餐厅最重要的是灯光氛围的营造，在餐厅空间中安装调光器控制设备，以便创造不同的室内气氛，在餐厅区域运用重点照明，避免平淡的照明效果，创造视觉兴趣点。灯光色彩一般采用暖色调或白炽灯，配合烛光，创造浪漫温馨的用餐环境。餐厅色彩上适合采用明朗轻快的色调，米色、橙色会给人一种温馨的感觉，同时促进人们的食欲。也可不定期地更换餐桌布、餐具，以达到营造餐厅氛围的效果。

图2-9

3. **厨房**　厨房一般是指烹饪空间（图2-10），现代厨房与传统厨房已存在明显差别，一个现代化的厨房拥有一套完整厨具设备，包括洗碗机、消毒柜、油烟机、烤箱、电炉、冰箱等现代化设备。厨房设计要注意三点，首先是风格统一，视觉形式美强，只有在视觉上让人们感觉干净清爽温馨的厨房才能打动人；其次是符合人体工程学，营造出舒适的操作中心，操作台面高度、上柜高度等根据业主夫妇身高量身定做，以免碰头，同时对灶台、水池、插座等设计做到安全、便捷、有效。最后是空间富有情趣性，现代化的厨房不仅是家庭烹饪的地方，更是家人交流、休闲的空间。

图 2-10

二、私密空间氛围营造

1. **卧室**　现代居住空间的卧室是整个空间最具私密性、蔽光性，供人们休息、睡眠的空间（图2-11）。由于床是卧室最大和最主要的家具，因此，在卧室设计中对床的设计应该谨慎，从空间布局、室内风格、色彩材料等方面挑选一个使业主身心愉悦、舒适温馨的床。以床为中心，向床头柜、化妆台、衣柜、休息椅、躺椅等过渡，形成主次之分，从人机工程学、色彩对比、界面装饰等方面进行设计。在光环境营造方面，卧室灯光总体以温馨、舒适、可调节的暖色光源为主，主要照明根据室内风格选择相关吊灯灯具，同时配合台灯、夜灯、镜前灯、阅读灯、氛围灯进行辅助照明，做到有所区别，按照不同类型进行设计。软装饰品是增加卧室氛围，增添情趣、画龙点睛之笔，更能提升整个空间的气氛和品位。根据业主的爱好和品位选择鲜花、绿植、挂画、镜子、创意

图2-11

灯具、衣架等饰物，创造既活泼又生动的空间，让人们产生温馨、安定的感觉。最后是储存、化妆和休闲，卧室一般都有储存、化妆和休闲等功能，尤其是女主人的衣物、箱包、化妆品等都需要储存，这就需要在衣柜、化妆间等进行收纳。

2. **卫生间** 居住空间的卫生间指供居住者进行便溺、洗浴、盥洗等活动的空间（图2-12），它一般有公共卫生间和专用卫生间。根据形式可分为半开放式、开放式和封闭式三种，有条件的家庭都会做到干湿分离。卫生间的设计一般从照明、下水、防水、通风等几方面着手，下水处理是卫生间清洁的保证，存水弯的水封高度要达到50mm,地漏应低于地面10mm，地漏箅子的开孔孔径应该控在6～8mm等，这些都是为了能够及时、有效地下水。卫生间防水从地面、墙面等刷防水涂料的材料质量和施工工艺等方面进行处理，达到高质量防水。通风一般要有窗户，有条件的业主可以安装一个功率大、性能好的排气换气设备，做好卫生间的通风。卫生间照明应选用柔和而不是直接照射的灯光，选用防潮防水的灯具，以简洁、明亮为主，由于现代卫生间都是集成设备，照明和浴霸、换气、排气等连在一起，同时配合夜灯和梳妆镜前灯一起使用。

图 2-12

三、方案意向选择

选择优质意向图不仅可以为设计师提供参考设计灵感，还可以明确居住空间前期设计方案的大体方向把握。好的意向图方便与客户更好地交流，通过意向图的介绍说明，使空间设计变得更加的具体与通俗易懂，也更加直观地向业主表达设计师的想法与灵感，最主要的是能更好地进行风格定位。意向图选择的途径网络，前期很多设计师都是去百度选图片、找意向，百度很难找到合适的意向图。可以到更好的设计网站进行寻找意向图，例如古德设计网、室内设计联盟、花瓣网、德国室内设计联盟等大型的设计网站。寻找意向图需注意以下几点。

1. **意向图风格要统一**　选取的意向图要符合业主喜欢的风格，意向图整体风格要协调统一，意向图空间色彩的选择要搭配舒适，有设计感（图 2-13），符合现代设计审美风格，意向图大气时尚，针对不同层次定位的业主选用不同的意向。

2. **空间层高差别不要太大**　6m 挑高和 3m 高的室内设计空间感截然不同，挑高空的浑然天成的气质，在层高不足时候，不要刻意追求，否则容易画虎不成反类犬，有很多的挑高建筑才会有的柱体宽度、高度、落地窗的长宽比列，要对应参考（图 2-14）。相

图 2-13

图 2-14

近的风格图片，尽量选择和自己层高相近的案子，学习规划比例，家具搭配，或者利用色彩搭配来转移层高的注意力。这样的意向图才会有意义。

3. **不要随意搭配** 风格意向图片不要混搭，其风格难免随个人不同的习惯、品位而有所调整，不需要过分严格限制一定要怎样，不能摆什么。但是风格之所以成为风格，一定有其经典之处，虽然不用划清界限，但是有些元素凑在一起很牵强。在决定主要风格之前，就要有所取舍，不要因为一张图片的某一点吸引你，就调整方向，包括墙面颜色、地板材质、沙发、空间调性等。

四、PPT设计与整理

1. **PPT构图的三个要点** 室内设计构图则是指借用绘画构图语言对室内空间的点线面、光影色等方面进行创作，实现视觉艺术的美感和形式感。

（1）关键位置首先要被关注。例如对称轴、水平线、中心点，当然也包括三分点位置，这些位置在PPT画面的几何中心，天然控制住了一些你所需表达的主体，把主体放在这些位置更容易强调出来。

（2）PPT元素的视觉平衡。就像杠杆一样，一些画面看起来舒服，是因为我们能感觉到画面上的东西是平衡的。如画面左边有个东西占据了很大比例，那么右边最好也有一个东西帮助平衡。平衡并不是构图的目的，而是经营画面需要体会的一种感觉，要尽量对这种感觉做到可控。

（3）元素之间具有联系性。大多数好的PPT设计都能做到既有变化，又能统一，变化主要从不同的视觉形式元素进行编排，使之达到一个统一的画面，让人们感觉到这些元素是联系在一起的，是一个整体。

2. **PPT点线面的运用** 现实生活大大小小的事物，或大或小的既视感，是因为有各种各样的参考系。点，是构成事物的基本点，它可以是原子夸克，亦可以是一粒沙尘。无论宏观或者微观，它一直都在。对于这种微小事物，人的心理视觉感官都很微妙。不同于线条的延伸，点所带来的更多是预示变化的形态。

（1）点的抽象化。这里所说的点不仅是一个小圆点，而是和整个界面比较，这时候可以将圆角矩形、圆环、三角等均看作点。之所以这么抽象视觉感官，为了在幻灯片页面设计中，突破一些条条框框所带来的约束，寻得一种界面版面上的平衡和协调。

①并列关系。幻灯片PPT中，使用小圆点来进行并列项的标定，与使用数字1234或一二三四等方式相比，一定程度上增加了内容的分隔。将数字和点结合，数字以点作为载体，版面清晰、视觉效果佳。

②递进流程图。在日常汇报中，会大量使用流程图。这里说明的是时间流程和简易事件过程两种。时间流程或者简易事件过程这两种并列关系，会包含若干个节点，通常

每个节点会对应有一定篇幅的文字说明或者图片展示。因而，对每个节点进行视觉化分隔，即使用“点”在主轴线的脉络上进行标定，和线条协调起来，各自发挥本身的展示作用。

③详叙内容指向。这种并列项的详叙方式，在实际制作幻灯片中使用比较多。将并列项标题和内容放在同一个页面中，可以让观众知道目前演示的进度。下面介绍几种常用的展示方式。点的大与小，对并列项内容进行区分，另标题大小也做了相应的字号处理。

（2）线条种类众多。从线条的实与虚，开放与封闭的角度上来看，线条的种类众多，且根据指向性来划分，还有无箭头和有箭头之分。幻灯片中的线，按照使用场景，分为连接、分隔、修饰三种。

①线条的连接。线的连接关系，这是一种概要的说法。因为使用线条的目的，在于利用线条的连续显示，将两个或多个部分通过线条这一特性结合起来。因此，换一种说法，从所连接的对象角度来说，线条的呈现，可以是一种带方向的指向逻辑，也可能仅仅是单纯的连接。

②线条的分隔。根据幻灯片界面二维空间的布局关系，使用线条进行空间分隔，使得每一个小的平面区域实现各自的关系说明，进而达成区域与界面的分与合，区域和区域的独立。

③线条的修饰。作为点线面构图中的关键一环，线条所带来的美感更多是线条所勾勒划分版面的体现，作为一维结构的基础元素，可以用它来勾勒二维的线感，三维的面感（图2-15）。

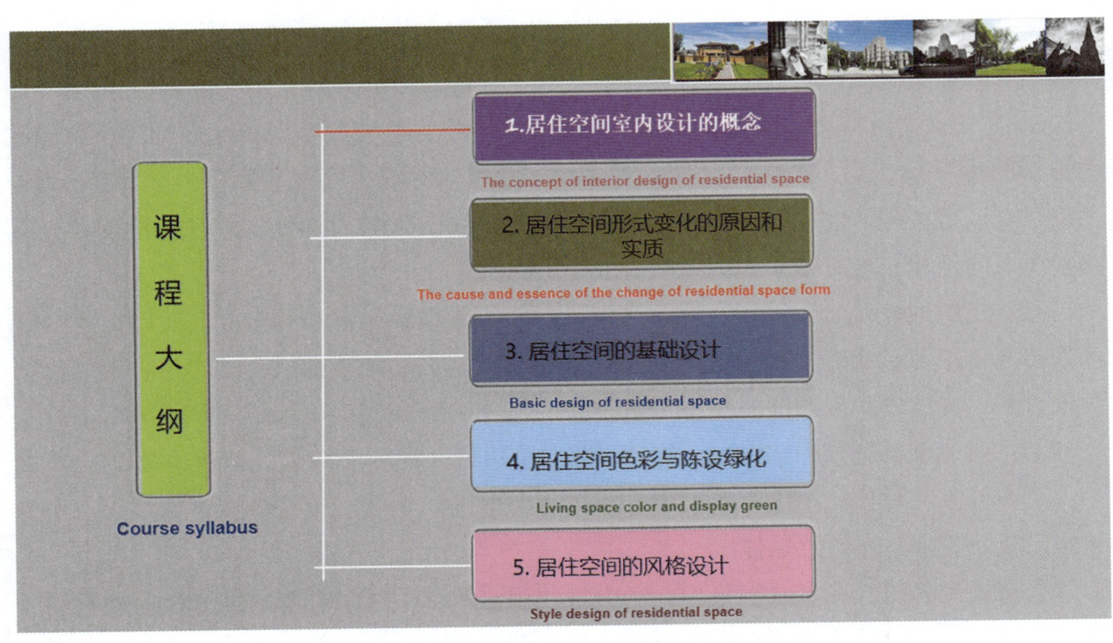

图2-15

第四节　程序与方法

一、准备阶段

设计准备阶段主要是接受业主委托任务书，根据我国相关法律条例签订合同，明确设计任务和总体要求，如室内设计风格、材料、色彩、经费预算等，同时还要熟悉与设计有关的消防规范，明确设计进度安排、施工工期、设计费用等，一般具体内容为：

1. **了解业主意图与要求**　与业主进行翔实、仔细的交流，了解业主对居住空间设计风格的总体要求和装修预期效果，对业主的相关要求和需求进行列表，分类统计，然后设计师根据自己专业能力提出相关解决方案，同时与业主交流，商榷。

2. **明确设计任务和需求**　与业主一起商量，确定设计任务和总体需求，了解和掌握业主对室内风格的要求和经费预算，对居住空间功能、色彩、材料、照明等需求有一个清晰的认识，必须在设计之前做到心中有数。此外，还必须对业主心理生理状况、对智能化、科技化等方面需求进行掌握，在隐蔽工程中就要处理好，以免将来返工或者做不了。

3. **实地调研和资料收集**　首先是对场地进行实地调研，了解场地和周边环境的各种情况，对场地优点与缺点进行文字和图片记录，拍摄与录制相关资料，以便后期进行设计和查询，尤其对建筑朝向、位置，室内空间层高、梁柱、管道、坑位等进行准确标注。在资料收集方面，首先，充分了解业主在设计上的要求，收集业主相关资料，以便对居住空间设计的总体把握。其次，收集建筑与室内具体资料，如对开发商原始建筑图纸、平立剖图纸、周边环境等进行资料收集，如果业主没有相关图纸，设计师就应该去现场进行实地测绘（图2-16），主要对层高、梁柱、墙体拆和砌、设备安装等进行测量，尤其涉及敲墙、开门窗、切割楼板等工程，一定要明确梁柱的承重和最大范围能开多大的门窗。

图2-16

4. **概念阶段**　这个时期应该对准备阶段有一个大体概念的了解，掌握和了解前期阶段相关资料和数据，对场地条件和空间环境存在的不足有较全面地了解，主要是要明确空间与功能、形式与风格的关系（图2-17）。

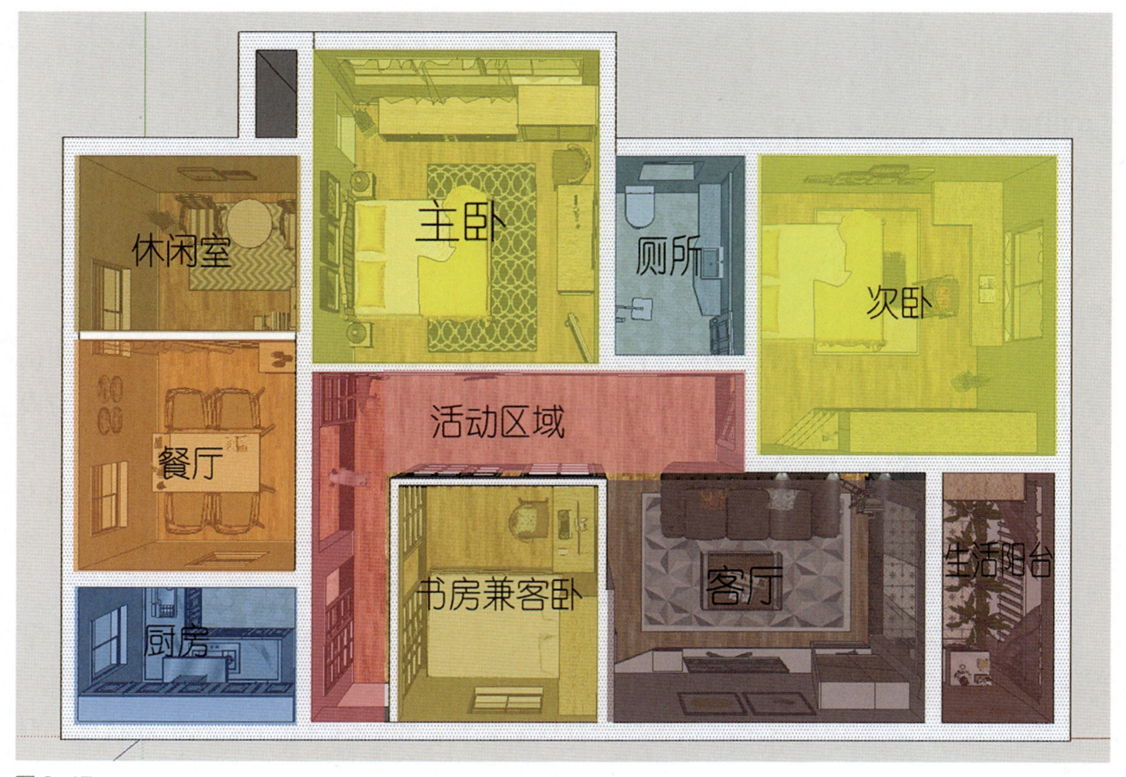

图 2-17

5. **拟定任务书** 由于业主前期可能只标明大概的投资金额，或待设计方案出台后，再明确投资金额，这会造成设计师由于业主的意见进而不断地修改方案。基于此，接受业主委托的设计师务必与业主协商明确设计的内容、数目、标准，先拟定一份符合双方利益的、可行性的设计方案委托书。

二、制订方案阶段

制订方案设计阶段是在设计准备阶段的基础上，进一步收集、梳理和分析设计任务和要求，结合业主需求和场地情况，对居住空间构思设计，进行初步方案设计。这需要设计师具备较好的专业素养、创新思维、施工经验、审美能力等。它主要包括设计分析、创意思维、方案可行性以及如何实施等，一般运用手绘方法对居住空间平面布局、空间分析、动线组织、室内外关系等方面进行绘制，从人体工程学和环境心理学对室内空间进行仔细推敲和反复论证，对设计创意、艺术造型、结构构造等进行可行性分析，务必能够按照创意艺术造型进行施工，而不能天方夜谭，把天马行空的创新创意仅仅停留在图纸上（图2-18）。

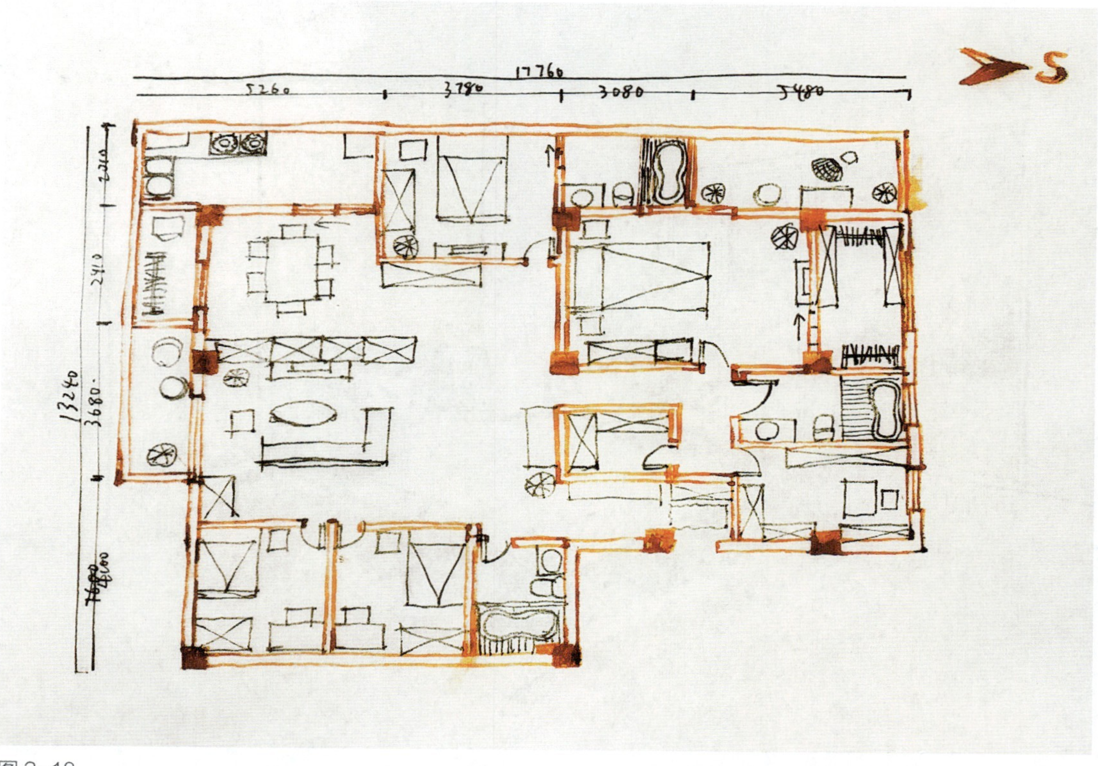

图 2-18

方案设计阶段要对前期实地调研和资料收集情况了如指掌，明确场地优势和劣势、室内外环境、业主生理心理需求等，进而对空间进行平面布局、功能分区、材料选择、色彩灯光、高科技设备安装与设计，逐步将设计方案明朗清晰化，并和业主反复沟通，确保后期设计不要出现无谓的争论和不愉快之事发生。因此，方案设计阶段就显得格外重要，就要对方案进行不断对比与分析，明确告知业主方案的优点和可能存在的缺点或者由于场地梁柱、层高等客观条件的限制实现不了的相关设计，只能改变初衷，进而改变一些局部设计等，这些都应该在方案设计阶段就要和业主进行及时沟通和商榷最后的调整方案，最好能多做几个方案让业主进行选择和比较，最后确定设计方案（图 2-19）。

在初步构想中，可运用以下方法进行设计：

（1）总体与局部相结合。首先，在设计前应当对总体布局进行大概的规划，构想出总体效果。其次，在进行具体设计时，要从每一处细节着手，了解室内的使用情况和设计理念，仔细调查，搜集信息，掌握齐全的数据和资料。在装饰设计实际操作中，要不断摸索，总结经验，及时调整与更新装饰设计理念，使其更加符合现代设计的发展趋势。

图 2-19

（2）从里到外相互协调统一。一位建筑师曾经说过："任何建筑的创作，应该是由内部组成元素与外部环境相互作用的结果，也就是'从外到里''从里到外'"。室内环境的里外协调，指的不仅仅是一个空间内的里外环境相互契合，也包括不同空间内外部环境的相互协调（图 2-20）。因此，在进行室内装饰设计时，既要考虑室内空间的整体感，也要考虑整个建筑的风格，保证室内空间与整个建筑的相互作用，增强建筑的美感与流畅性，使其符合人性化标准。

（3）立意在前、动笔在后。在进行室内装饰设计之前，相关负责人除了要有整体的构思之外，还应有合理的立意（图 2-21）。对于设计作品来说，立意相当于作品的灵魂，是设计者借助艺术表达的一种理念。设计的难度也在于如何将立意呈现在作品中，给受众一种直观的体验。因此，设计师必须具备专业素养和综合能力，并且设计团队进行多次探讨和沟通，并在实际施工中及时更改和调整，努力使设计成果达到最理想的状态。在居住空间设计中，设计师的个人专业能力是非常重要的，它要求设计师具备优秀方案设计能力以及准确地绘制出相关室内设计平立剖图纸，让人们直观地了解图纸的设计意图。在室内装饰设计投标的竞争中，图纸的美观、完整是第一要素，代表了设计者的思路。优秀的设计师所设计出的作品不仅要在外观上吸引人，内涵同样应当积极向上。

图 2-20

图 2-21

图2-22

（4）大处着眼、细处着手。大处着眼、细处着手是艺术常用的处理手法，同时也是室内设计的一个设计方法（图2-22）。在居住空间中大处着眼就是指从设计风格和总体软装搭配为主进行宏观把控，给人们一种视觉统一、空间干净、身心愉悦的空间感受。细处着手就是指从材料材质、灯光照明、施工工艺、阴阳角处理等细节上体现匠人精神，给人们一种尽善尽美、表里如一的总体感受。

（5）从里到外、内外统一。和谐统一是设计法则的形式美法则之一，它要求作品不管如何对比和变化，最终呈现和谐统一的效果（图2-23）。居住空间设计也是从室内外环境一体化整体性考虑的，从室内空间的物理属性和空间属性进而考虑室外的环境属性和社会属性，进行总体考虑与设计，实现内外统一。

图2-23

三、深化设计阶段

深化设计指在原设计方案、图纸基础上，结合场地实际情况，对设计图纸和相关重要节点进行完善和补充，深化原设计方案，对其后期实施的技术条件和施工工艺等要求进行规范化和可行性分析，达到国家对居住空间设计规范和施工标准，最后通过相关部门审核，或者现场指导（图2-24、图2-25）。主要包括资料整合、设计协调、图纸制作三个部分。首先，早期为方案制图，主要内容是完善方案的平面图、立面图、施工图、大样图及图纸的设计，同时明确施工工艺和构造方法，即如何把图纸设计转换成实际施工。其次，中期为综合把控，根据居住空间的采光、通风、日照等场地情况以及相关专

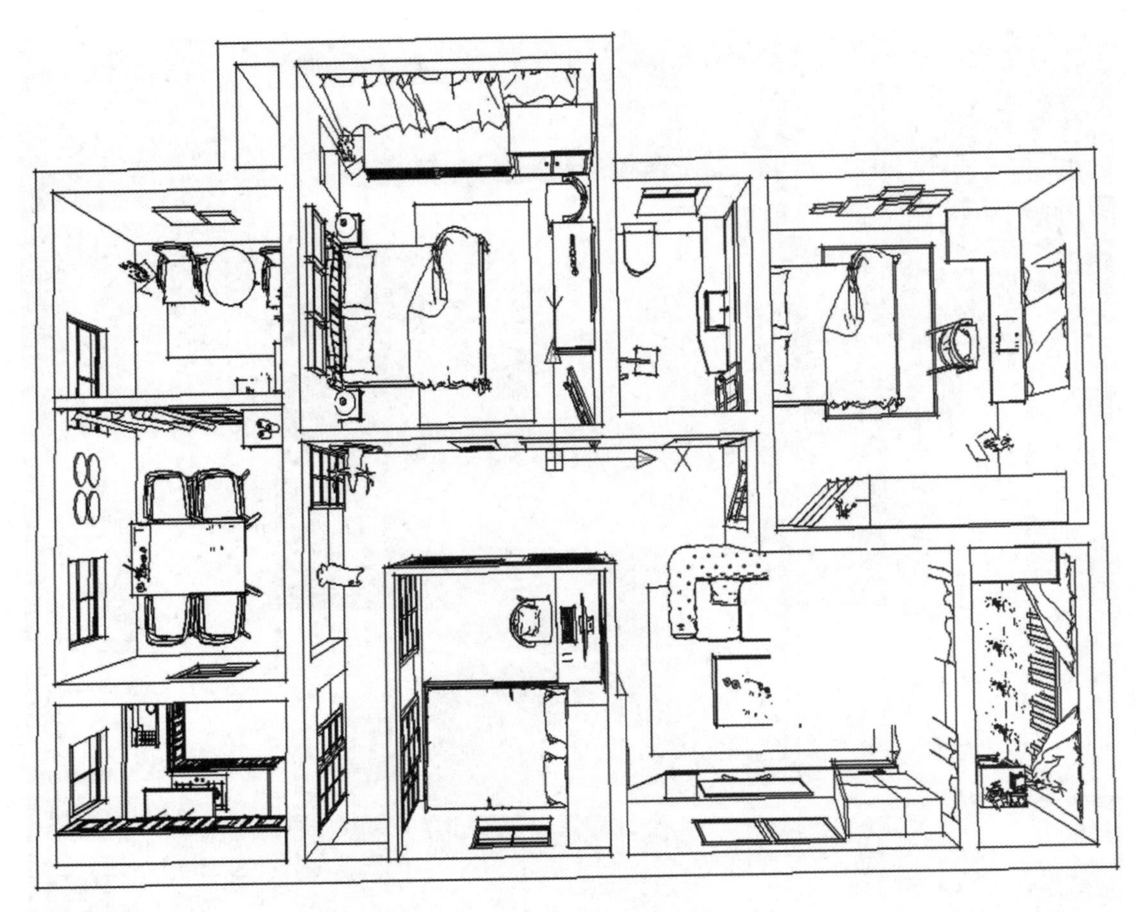

图 2-24

业高科技现代化设备进行综合把控，尤其是对现代化先进设备和声光电数字化、智能化控制系统的安装和调试，力争做到心中有数，综合把关。最后为统筹协调，即协调各部门以解决深化方案设计、施工图纸设计过程中发现的问题，进而优化和完善项目，这就要求深化设计师具备出色的协调能力和专业素养。这个阶段要求完善工程和方案中的一系列具体问题，为下一步的施工图优化、工程造价、施工技术等做准备。同时从专业角度出发，论证方案设计的可行性和可操作性。居住空间设计深化阶段具体包含以下几个方面内容：①空间布局、功能分区、动线组织，尤其是明确平面布置，平面所涉及的家具尺寸，设备安装等；②施工图纸的详细绘制，水电、设备等隐蔽工程的图纸设计和绘制一定要仔细和翔实，出风口、重点照明等各种大样详图；③室内空间效果图和三维立体图；④软装、陈设、材料等详细图纸，示意图以及相关价格、品质等；⑤汇总清单与价格清单等。

图 2-25

四、施工图设计阶段

这个阶段主要是确保施工图的准确性、可行性和完整性，以确保后期施工阶段工程质量和施工技术水平。由于施工图纸设计一般都由具有相关资质的设计或施工单位完成，然后以此为依据进行后期施工。这是工程质量的保证和检验依据，因此，在施工图纸设计阶段，要求设计单位认真、无误地对施工图进行翔实、仔细地设计，并且提供相关成果。成果一般包括设计说明书与设计图纸两个部分，设计说明是对施工图设计的具体解说，即对工程总体设计要求、质量要求、施工要求、规范等内容。设计图纸一般指完成施工中必需的平面图、立面图、剖面图、顶面图以及相关节点详图等图纸，同时对所有施工图纸进行尺寸、颜色、材料、构造、工艺等标注，尤其对一些重要的图纸收口、解封、对位、分缝等进行详细的标注和说明，为施工操作、管理以及工程预决算提供翔实依据。同时必须充分考虑上下水系统、强弱电、消防、空调设备、高科技智能化等管线布局、定位以及施工配套顺序。施工图出图必须使用图章，并加盖设计单位和负责人的图章和签名。关于施工图深化设计过程中，设计师在原设计方案基础上，对平立剖顶、大样详图进行深化和优化，尤其是对尺寸、材料、构造、工艺、色彩等细节上进行审核和确定，以业主对施工图最后认定为标准作为居住空间的最后施工图（图 2-26、图 2-27）。

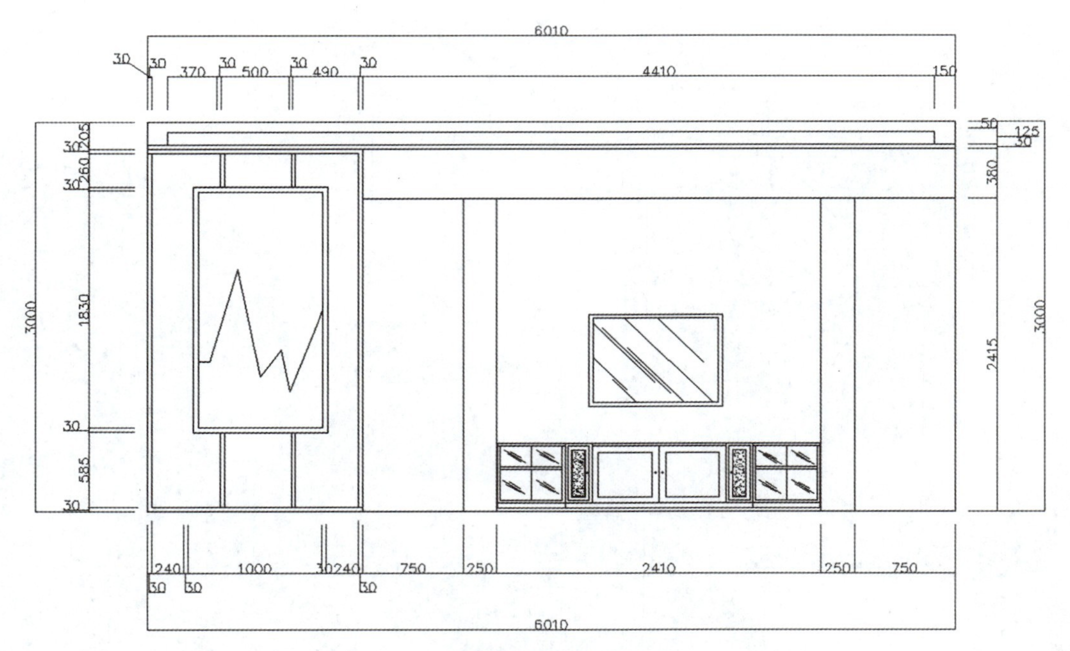

卧室施工尺寸图

图 2-26

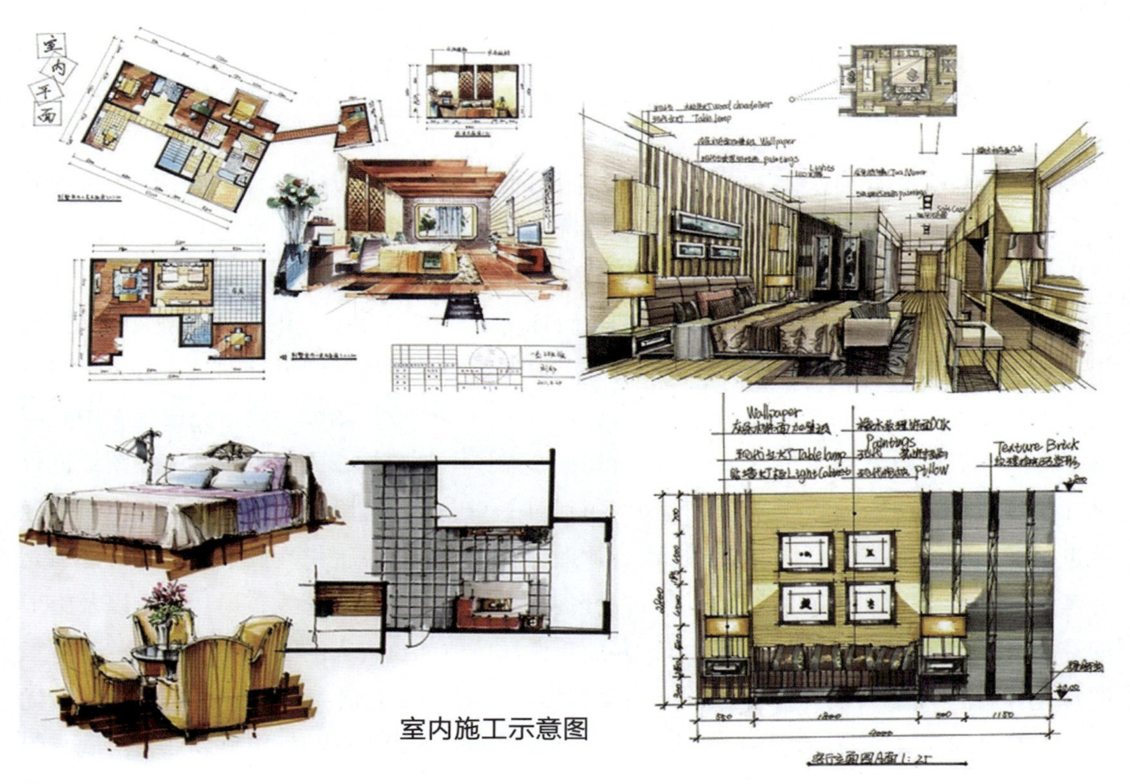

室内施工示意图

图 2-27

五、施工、监工阶段

1. **设计实施阶段**　在设计实施之前设计师应该与业主进行沟通，对相关设计方案、工艺技术和施工细节等方面进行交底，告知业主设计最终呈现的最佳效果、最差效果以及将会出现的不确定因素，让业主也心中有数，了解设计方案与最终呈现的结果误差值有多大。在施工中期，设计师根据现场监工和质量考察后，对于施工过程中遇到的难点或突发情况进行及时处理，如遇到无法满足设计方案的实施时，设计师应及时调整方案，优化图纸设计与业主沟通，确保施工质量和工期如期完成。施工结束后，设计师应配合施工方、业主进行项目验收，从设计效果、工程质量、工期、空间品质等方面一项一项地验收，做到施工与设计基本相一致。

2. **施工监理阶段**　这个阶段主要是对施工过程中进行监理、监工，以确保施工质量和设计品质。大体上包括以下四个方面：①图纸交底，即设计师向施工方交接设计所有的图纸和设计说明，对相关材料、构造、工艺、尺寸等细节进行沟通；②施工核实，对施工工种和图纸进行核实，尤其是在施工过程中出现局部设计更改或修改时，设计师应与设计单位和业主确认后，对变更内容进行重新设计和施工安排，确保修改后的施工质量和设计效果（图2-28）。③工程验收，在工程竣工后，根据室内设计行业标准，邀

图2-28

请业主和相关单位对工程建设质量和成果进行评定和验收，验收合格后签订《工程保修单》。④后期服务，一般来讲业主都会与设计公司签订一份房屋装修工程保修协议，以确保工程完工后的后期保障和服务。据我国建设部令第110号《住宅室内装饰装修管理办法》规定，一般条件下住宅内部装修施工工程质量保证年限为两年，而有防水需求的室内空间，如卫生间、厨房、洗衣房以及外立面的维保年限为五年，质保时间从装修施工验收合格之日算起。

保修内容大致包括以下几种情况：①施工本身的质量缺陷，如漏水渗水、墙体开裂掉皮等；②由于施工不规范导致出现的故障、损坏等。

思考题

1．如何做好场地调研分析？

2．居住空间设计的程序与方法？

3．如何最好居住空间设计前期准备？

第三章　居住空间平面设计

第一节 居住空间平面布置与深化设计

一、居住空间平面布置

1. **适用性原则** 居住空间设计第一要义就是要适用。“适”使用者所用，除了提供必备的起居空间，还要满足居住空间的使用功能、储物功能和休闲功能，为业主构建理想的生活学习起居空间。

2. **实用性原则** 维特鲁威对建筑提出了三大原则，即实用、经济、美观。实用原则是居住空间的最基本原则，一个空间的使用就要满足它有实用性，如厨房要具备烹饪等实用性，而不是设计成花哨的表面形式美，通过科学的功能布局、宜人的尺度和良好的空间感受，做到实用、有效。

3. **美观性原则** 传统社会都把美观放在实用和经济原则后面，而在现代社会美观性原则也成为人们非常看重的设计原则。它已与经济性原则处于平等甚至超过经济性原则，好的居住空间设计，是适用、实用和美观的统一（图3-1）。

图3-1

4. **经济性原则**　由于地球资源是有限的，这就需要人们从生态环保角度出发，从经济性原则出发，按照业主的经济实力和绿色可持续理念对居住空间进行适度的、经济的装修。因此，室内设计师根据经济性原则，发挥专业特长结合场地，变废为宝、巧妙利用资源和材料进行设计，发挥材料的特性、质感和性能，巧妙利用材料控制造价，从而达到经济性原则。这既是现代社会的需求，也是室内装修经济性原则的具体体现。

5. **安全健康性原则**　随着老龄化快速发展，人们对健康越来越重视，我国也提出了"健康住宅概念"，首先在居住空间中要营建一个对身体健康有益的室内外环境，室内的装修材料和家具使用是安全健康的，无甲醛、无污染，达到国家制定的室内装修行业的安全、健康标准。其次，室内具备良好的通风、采光等条件，建立良好的家居自然环境，控制室内环境污染。最后就是一些细节处理，如转角圆弧、无障碍、夜间照明、卫生间防滑、住宅防火等处理和防范符合要求。

6. **可持续性原则**　这个概念在家装中就意味着绿色和生态（图3-2）。就居住空间设计装修而言，考虑实现过程如何节约材料和保护环境，减少污染和能耗，提高环境质量和空间效率。绿色和生态的可持续性主要从室内整体环境、空气、水、电、光、声、冷、热环境考虑，做到可持续发展，从而有效控制室内环境质量，进一步追求舒适和高效，是当今居住空间室内设计装修的一项艰巨的任务。

图3-2

二、居住空间深化设计

1. **一次性空间设计** 一次性空间设计指在原建筑功能空间基础上完善室内一次性空间设计，主要是对居住空间做到更仔细、翔实的考虑，大到空间规划和室内布局，小至家具尺寸、灯具插板位置，挂画内容色彩等（图3-3）。在特殊情况下还可以根据业主及家人的人数，根据现场条件、业主需求、室内环境等方面合理确定空间、家具、装饰陈设、界面的尺寸和比例，力争将使用功能与精神功能统一起来，满足使用者的身心要求。

图3-3

2. **二次空间设计** 室内设计也被一些学者认为是建筑的二次空间设计，因为大部分业主都会有自己的要求和想法，人们一般不会就在原建筑空间进行一次性空间设计的，或多或少都会经过二次空间设计以实现自己的理念和想法（图3-4）。同时随着人们越来越看重个性和创新性，这也就更突出空间需要二次设计。它不是一个大空间里套用一个小空间，一个盒子套用一个盒子，而是在居住空间内部进行空间氛围营建，从空间层次、视觉形式、色彩灯光、软装陈设等方面综合设计，从而实现业主对居住空间的实用性、美观性、智能性、绿色环保及空间感等方面实现人居环境的可持续发展。

图 3-4

3. **室内家具** 室内平面与空间布局完成后，设计师就会考虑家具配置与设备安装等问题，甚至可以通过家具、设备、陈设具体尺寸反推和检验平面布局和空间组织是否合理和科学。住宅空间家居配置得体，可以起到锦上添花的装饰效果，根据室内风格，结合家具造型、特色，正确处理家具与空间的关系，使之达到和谐统一、相得益彰的效果（图 3-5）。一般从空间位置确定家具尺寸、合理配置家具比例、做到主次之分、风格协调、留意通道尺寸等方面考虑。尤其在居住空间中，设计师一定要掌握室内家具的各种常规尺寸，如双人床平面尺寸长宽为2000mm × 1500，2000mm × 1800mm，单人床为2000mm × 900mm，三人沙发尺寸为2100mm × 700mm, 衣柜深度一般为600mm 等尺寸。同时对设备尺寸的掌握也是如此。如厨房油烟机、冰箱、消毒柜，卫生间洗漱台、马桶，其他空调、影音设备等尺寸。只有对这些尺寸有了详细的了解，才能更精准地对平面进行布置和空间设计，尤其是设备的安装和风口处理就显得更为重要。

图 3-5

第二节　居住空间平面布局基本原则

一、居住空间常规平面布局方法

平面最能反映出居住空间的相关信息，一般从功能分区、动线组织、板块、家具布置等方面考察和审阅，最基础的是要满足人的身心需求，满足业主及家庭成员空间、文化、习俗和品位，检查空间是否有缺项，家具是否适合不同年龄段的居住者，智能化设备、插座等是否存在遗漏等现象。因此，平面布置与优化是居住空间最重要也是最基础的一环，只有把平面的内在逻辑和组织构架厘清和弄懂了，后续的相关设计才会达到得心应手、水到渠成的效果。

1. **完善功能布局**　空间的规划是空间得以建立的基础（图3-6），对于室内设计师来讲，首先就是要对室内空间进行合理、有效的空间划分，一般从以下几种方式进行。一是良好合理功能分区，根据业主的需要对居住空间按照公共空间、私密空间、灰度空间进行合理划分，同时结合室内空间板块概念，如餐厨卫板块、卧室板块、过道阳台板

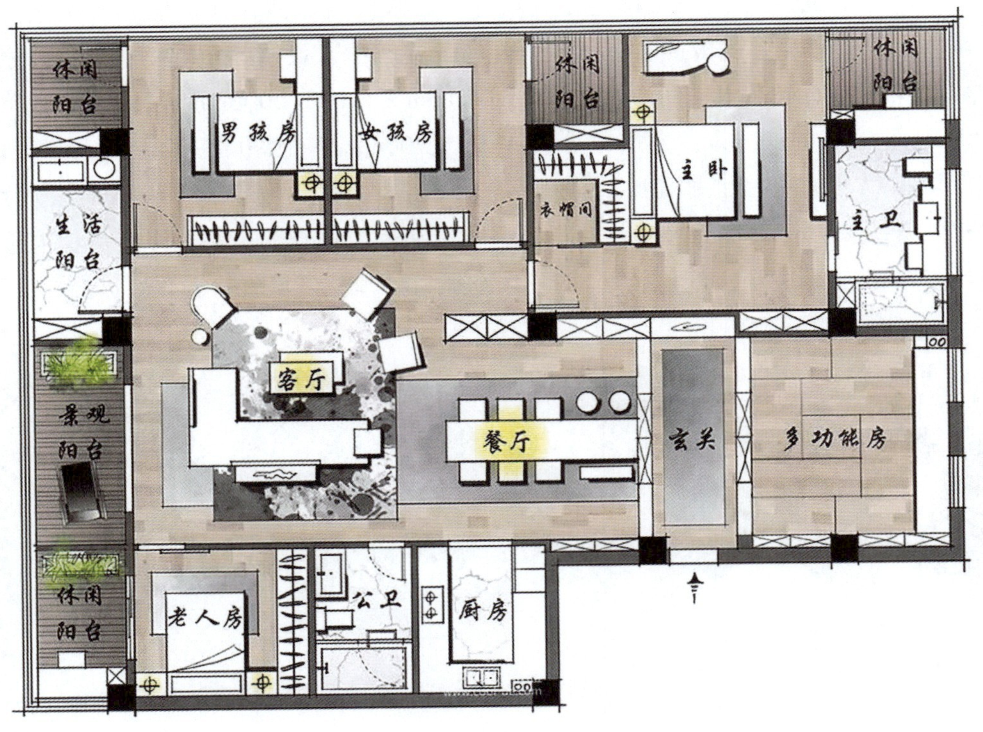

图3-6

块、客厅展厅等公共板块，这些板块不是泾渭分明的绝对的公共、私密空间一刀切，好的居住空间功能布局一般都是采用良好的灰度空间填补到公共和私密空间中，以形成空间的缓冲区，让人们在空间中感受和体验到灰度空间的魅力和趣味。二是合适的尺度和比例。居住空间的尺度相对较少，一般从长宽高三个维度根据业主的身高进行设计，主要还是以视觉感受为主。比例则是对界面、家具、陈设等一些空间元素进行的有效控制，使它们达到一定的比例，让人们在观看时或者在空间里视觉和心理感受很舒适。如沙发的尺寸和比例应该与客厅的长宽高相适应，达到一定的比例是舒适的，而沙发过大或过小都会造成客厅的拥挤和小气等空间感受。

2. **提高平面有效使用系数**　平面利用系数简称平面系数，数值上是使用面积与建筑面积的百分比。对于住宅来讲，提高平面系数，即尽量减少墙体、过道、楼梯、门厅及厕所等面积，从而提高空间使用率（图3-7）。对于居住空间如何提高平面有效使用系数，可以从以下几个方面考虑。一是减少过道、阳台等空间面积。在满足国家建筑行业对过道、阳台等空间最基本尺寸要求下，尽可能地节约和减少过道的面积，把一些过道和辅助空间合并到公共空间里，如把过道、局部阳台合并到客厅中，让人感受不到有明显的过道，都包含在客厅里。二是通过功能分区，把一些墙体拆除，门窗移位，合理整合空间，使之达到提高平面系数。三是借用辅助空间，在原基础上通过错层、错位、多功能一体化等设计手法达到增加空间效果，提高平面有效使用系数。

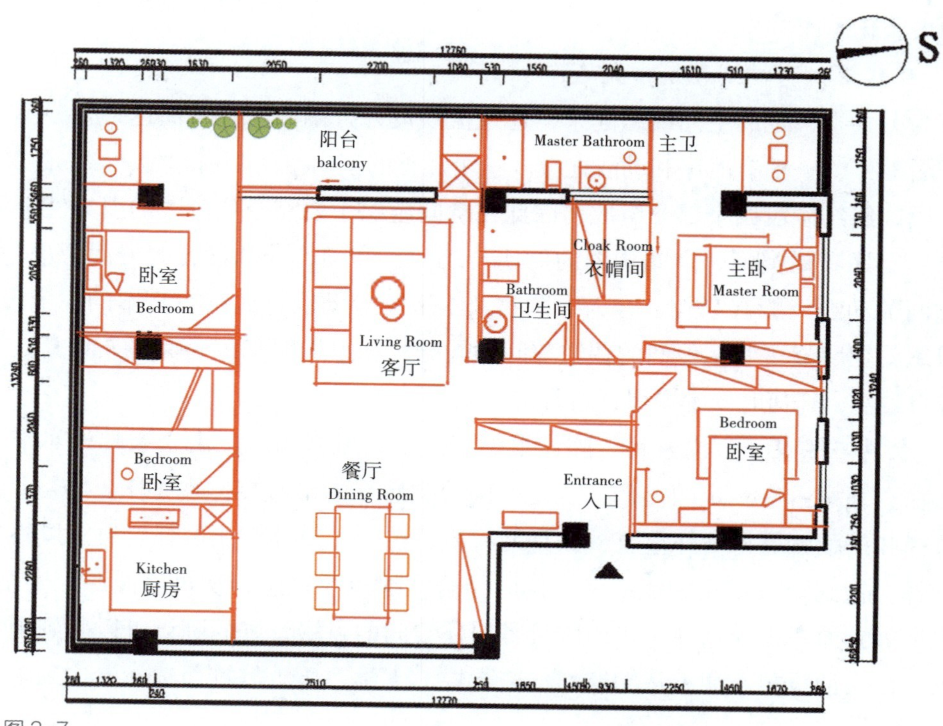

图3-7

3. **改善平面形态** 住宅设计的平面有很多种形式，一般都有矩形、方形、回字形、圆形、L型、T型、H型、U型等，每种平面形式都有它的优点和缺点，从住宅来看，矩形和方形是最节约面积的，同时也符合我们中国人天圆地方的审美。布置合理的平面一般都有以下几个优点：一是设计良好，宽敞的公共区和私密区；二是富有创意和独特的空间设计可以满足居住者个人需求；三是墙体和门洞设置合理方便，考虑空间与空间之间的关系；四是内部过道走廊布置合理，从入口的开阔到私密区的紧收做到一定的对比。对于异形的平面，设计师应该根据场地把它调整为方形或者矩形平面，以节约面积、实现平面空间与经济利益的最大化（图3–8）。

图3–8

4. **动线组织** 动线就是根据人们的行为方式把一定的空间组织起来，通过流线设计分割空间，从而达到划分不同功能空间（图3–9）。一般有时序和动线之分。一个优秀的室内空间都由起始阶段、过渡阶段、高潮阶段、终结阶段四个部分组成，因此在空间组织中要充分从流线的引导性、时序长短选择、时序布局类型、空间构图的对比与统一、高潮部分的设置等方面考虑与设计。居住空间的动线一般有家人、客人、购物及上下车等动线，尤其在日本的住宅设计中，动线组织就更明显一些，他们的住宅空间动线分区和组织明确，确保客人和家人互不干扰、各自独立，任何时候都要保证通常的动线。

5. **家具与陈设** 室内家具与陈设根据室内设计风格而定，由于家具相对来讲都比较大，在空间中占有一定的比例，也是空间视觉感受的最直接体现（图3–10）。因此家具的选择和搭配就显得格外重要，家具的材质、色彩、尺寸和比例都要根据风格和空间进行选择，做到既有变化又能统一，同时结合“绿色”理念，从再生能源、安全环保、绿色生态等方面考虑和选择。室内陈设是居住空间的点缀，好的陈设可以起到画龙点睛的效果，让人们眼前一亮，从功能性、艺术性、美学、质感等方面选择，达到增加视觉吸引力。

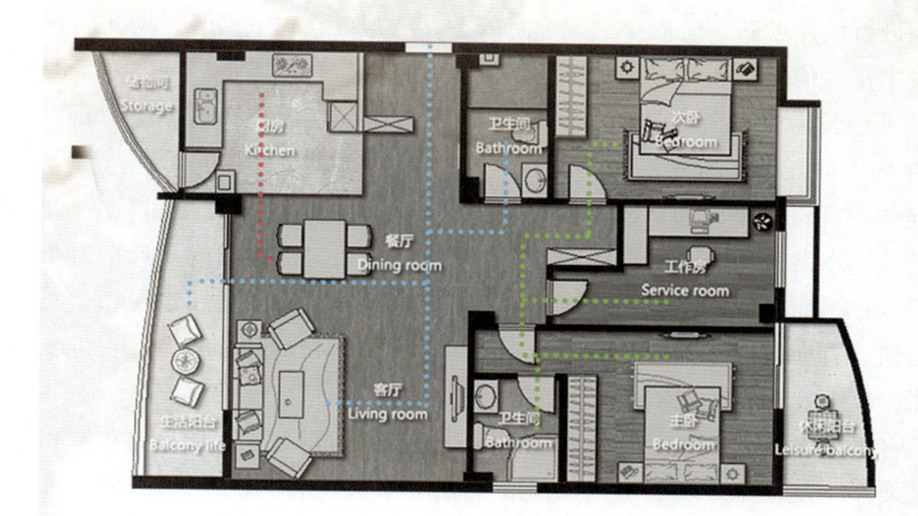
人流走线分析
Analysis on the route of people flow
储物间
Storage
厨房
Kitchen
卫生间
Bathroom
次卧
Bedroom
餐厅
Dining room
工作房
Service room
客厅
Living room
生活阳台
Balcony life
卫生间
Bathroom
主卧
Bedroom
休闲阳台
Leisure balcony
访客线
Visitor line
做饭线
Cooking line
居住工作线
Living and
working line

图 3-9

图 3-10

二、居住空间九宫格平面布局方法

从室内设计专业教学认知和学习规律来看，居住空间设计课程教学应注重理论与实践、功能与形式、平面与空间的有机统一。学生如何提高居住空间平面布局设计水平，并真正掌握进而能进行设计创新，这需要掌握一定的设计法则或模式。同时伴随我国居住空间设计教学数字化、信息化和科学化的快速发展，较之以往有很大进步和发展，但教学模式仍“以教师经验为中心”，注重空间功能、动线组织、视觉中心塑造等平面布局经验教学；也有从入口开始，有秩序的功能分区，平面、立面与剖面同时进行等方法，但这些关于居住空间设计平面布局的教学方法大多均为杂乱化、碎片化和零星化，没有系统性和科学性。本书跨界借鉴建筑学“九宫格”练习法改善居住空间设计平面布局的教学现状，尝试在平面布局设计中构建九宫格模式，以便学生能够快速掌握和全面了解，做到有法可依、有理可循，提高室内设计专业学生的平面布局综合能力，它将成为居住空间设计课程教学改革创新中颇有价值的探讨。

西方国家“九宫格”练习教学方法在20世纪50年代得到较好的发展，由斯路茨基和赫希的网格与形式要素基础训练中发展出“九宫格”雏形，随后由约翰·海杜克将这种抽象的空间形式构成练习转向更综合的建筑练习，即“九宫格”练习教学法。这套教学方法首先预设一个起框架作用的“九宫格体系”（图3-11），以三乘三的九个相同的立方体作为基本单位的正方形网格，在网格线上摆放一定数目的灰卡纸板来分割出各种基本的空间组织关系。它为建筑学、设计学提供了一套“语言”，可以处理建筑和室内设计中各种“关系”和“元素”的基本问题。海杜克在建筑教学的“九宫格”练习中，让学生自己挖掘潜藏在立面、平面、细部、剖面的建筑意义和语言，不断在图纸与模型、二维与三维之间、形式逻辑与建造技艺之间进行转换，从更深层次、更多维度上理解建筑学。

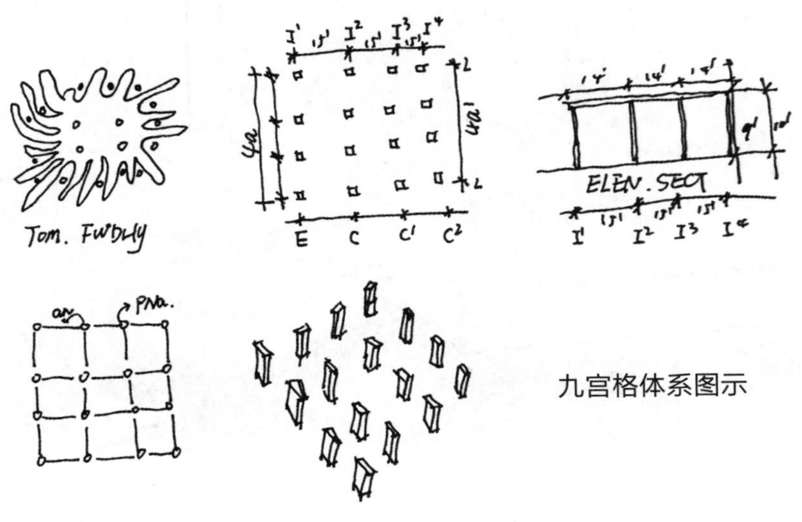

九宫格体系图示

图3-11

本书借鉴建筑学九宫格教学法，以跨界学习理论为基础，构建居住空间设计平面布局九宫格模式，旨在提高学生平面布局设计能力，从而提升室内空间设计和方案设计水平。平面布局九宫格模式即以门窗朝向、柱网结构、动线组织、功能板块、比例尺寸、图库组合、平立剖关系、视觉中心、图解思维等九个模块建构一个框架，按照一定的内在逻辑把它们放进九宫格，分割和整合室内空间的组织关系（图3-12）。平面布局九宫格内容每三个为一组按照初级、中级、高级三阶段的螺旋式递进演绎和设计分析，如初级阶段为门窗朝向、柱网结构和动线组织，中级阶段为功能分区、比例尺寸和图库组合，高级阶段为平立剖关系、视觉中心和图解思维。通过以下几个方面进行居住空间平面布置。

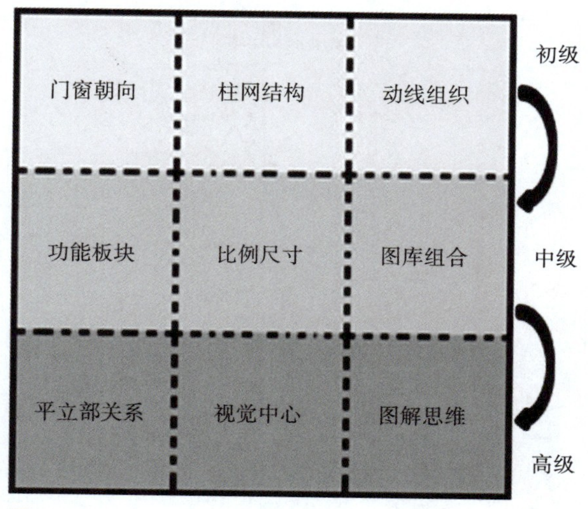

图 3-12

（1）中国传统建筑布局形式。坐北朝南；科学通风、采光（图3-13、图3-14）。

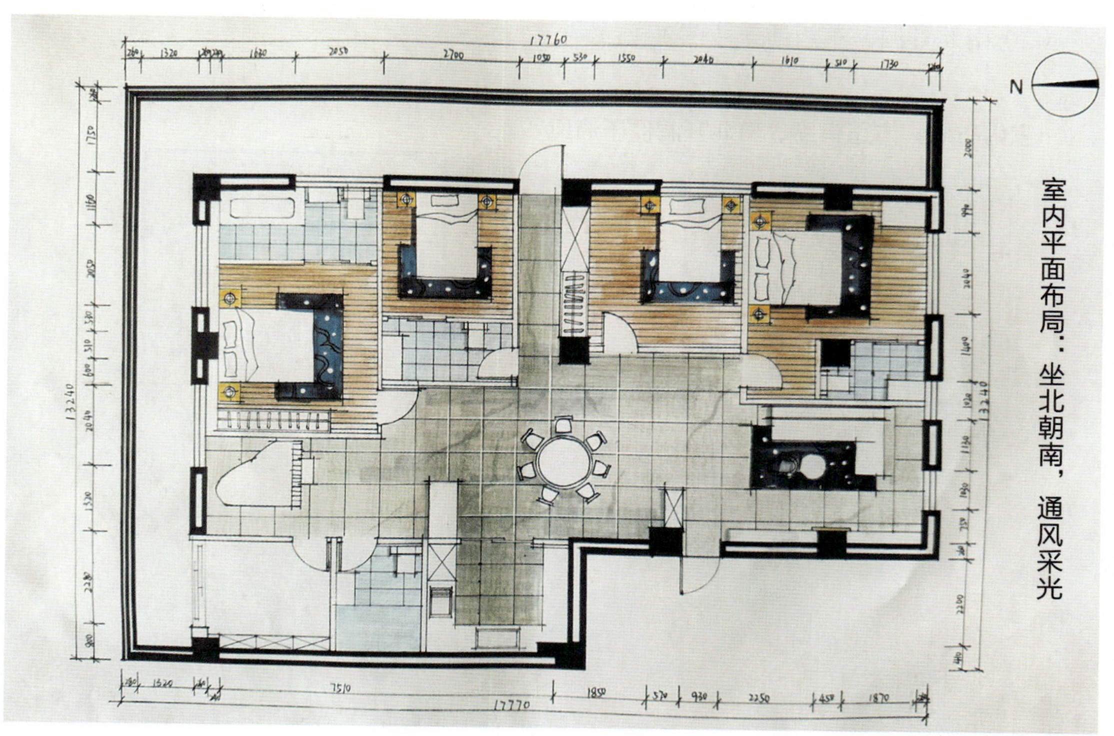

图 3-13

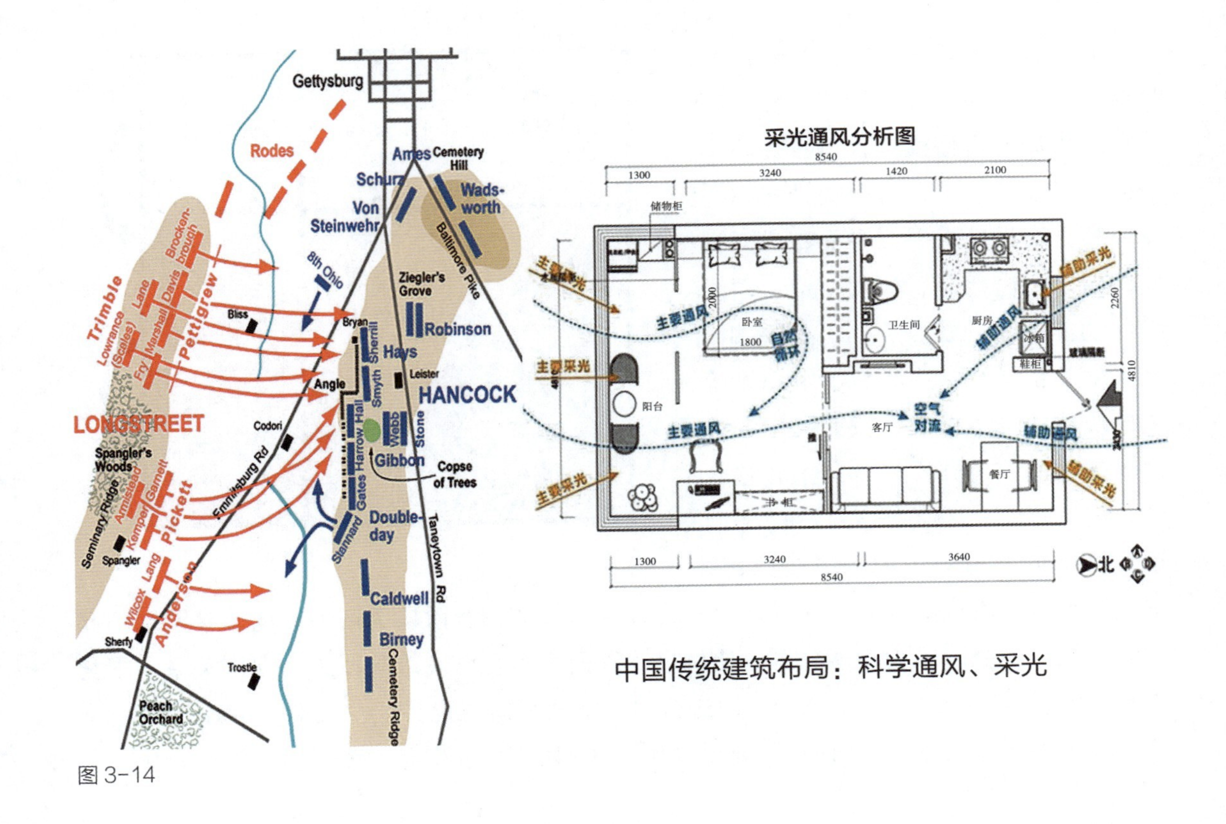

图 3-14

（2）南北开洞，东西铺床（图3-15）。

室内布局：方正有序、南北开洞便于通风

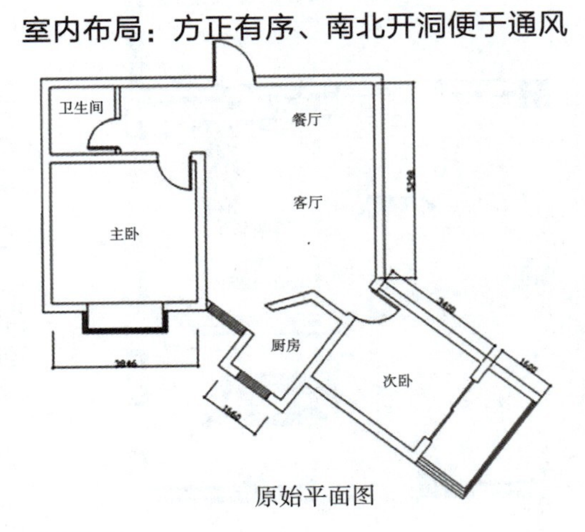

原始平面图

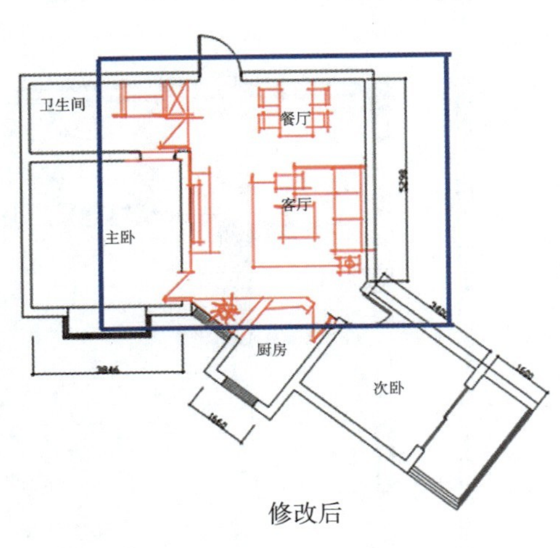

修改后

户型缺点：

1. 开门见门（厨房）
2. 卫生间空间过小
3. 客厅公共空间难利用

调整方法：

1. 调整厨房门方位
2. 主卧调整门方位，留出足够空间给卫生间以及储藏功能

图 3-15

（3）公共区域、私密区域的划分（图3-16）。

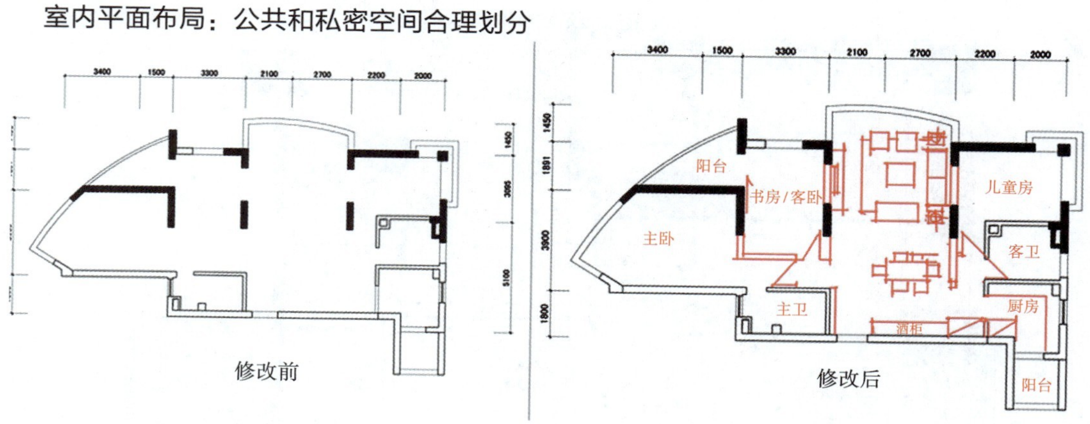

室内平面布局：公共和私密空间合理划分
3400
1500
3300
2100
2700
2200
2000
1450
1891
3900
1800
阳台
书房/客卧
儿童房
主卧
客卫
主卫
厨房
酒柜
阳台
修改前
修改后

图3-16

（4）流线合理、动线合理（图3-17）。

室内平面布局：流线合理、动线合理
工人房
客厅
休闲娱乐室
酒吧
书房
酒柜（高柜）
化妆间
棋牌室/卧室
修改前
修改后

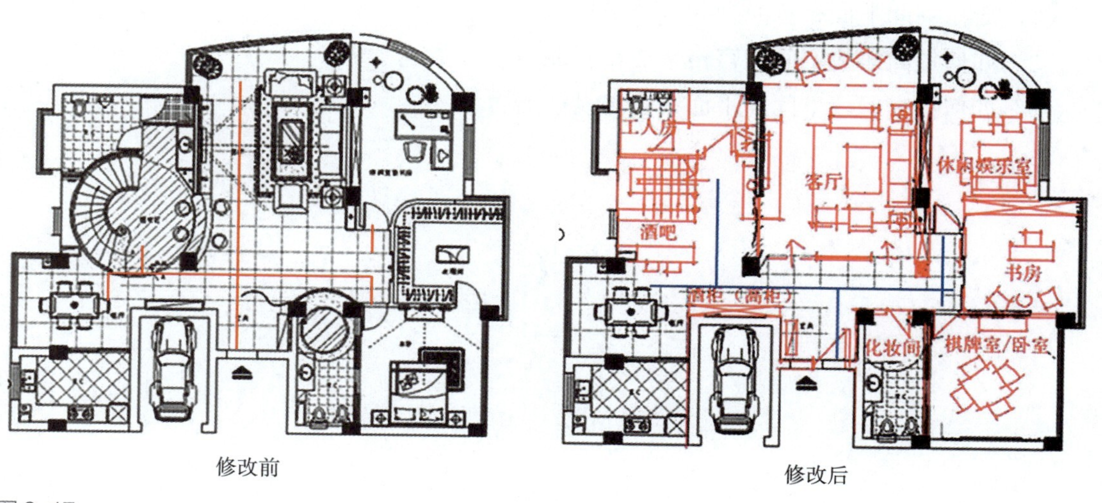

图3-17

（5）利用家具陈设划分弹性空间（图3-18）。

图3-18

思考题

1. 居住空间平面布置原则和方法是什么？
2. 如何提高居住空间九宫格平面布局能力？
3. 如何提高居住空间的平面布置与设计能力？

第四章　居住空间功能设计

第一节 功能区的划分设计

一、改变空间的分割方式

1. **完全分割** 一般采用承重墙、轻体隔墙等实体界面进行分割空间，使之达到完全分割。完全分割有私密性、内向性等优点，同时也具有单一性和呆板性。

2. **局部分割** 运用片段的面或者线进行划分空间，使空间达到隔而不断，丰富空间层次。

3. **象征性分割** 一般都是采用隔断、家具、绿植、博古架等方式把空间进行象征性分割，从而达到一定的空间分区，这种分割形式具有空间开敞、通透等性质，也是居住空间常用手段之一。

4. **弹性分割** 根据空间进行随时、适当、弹性地对空间的大小、尺寸和形状进行分割。如采用折叠式、升降式、拼装式等对墙面、顶棚进行有效分割（图4-1）。

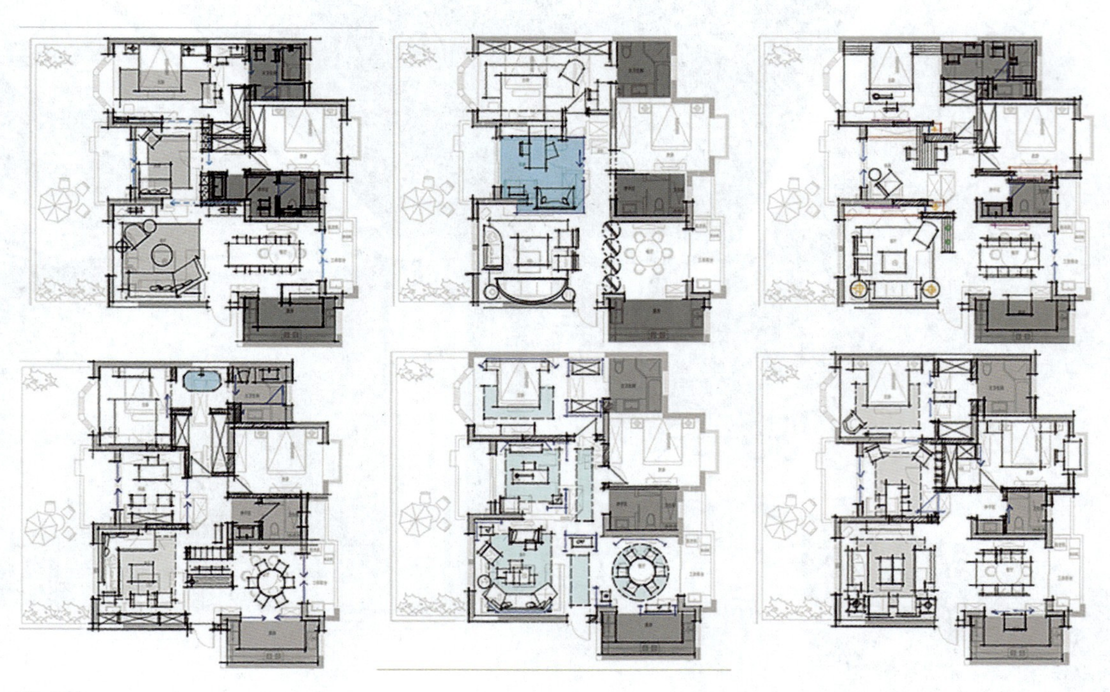

图4-1

二、居住空间特性

居住空间最重要的是各个功能空间的合理安排，突出居家、休息、生活和沟通等，做到功能明确，各得其所。在空间布置中注重空间氛围、人机工程学、环境心理学及视觉审美的把控，在环境心理学方面注重周边环境和场地氛围，从通风、采光、层高、楼梯等方面考虑，进而对相关有利条件进行利用。在人机工程学方面注重对居住空间人的静态和动态尺寸的了解，需要对业主和家人的身高、体重、爱好等当面进行测量和咨询，而不是对应教科书上冰冷的数字，在了解相关人的动静态尺寸后，对室内空间和家居就会有一个较为精确和实际的把握，做到居住空间合理的尺寸感和比例，使人们生活在一个尺寸合理、比例适合的空间中。在视觉审美上，通过对家具、界面、形式构成、色彩、灯光及材料等方面按照形式美法则和美学法则进行设计与创作，从而实现一个视觉效果良好的居住空间。在空间氛围营建上，就是调动各种设计元素按照一定的设计法则进行合理搭配与组合，从视觉、听觉、触觉、嗅觉等方面根据业主的爱好与品位进行设计，从而营造一个良好的居住空间环境。

1．**群体活动空间**　居住空间的群体活动空间一般指客厅、餐厅、展厅等公共空间，这些空间是家人和客人共享空间，更是提供家人休息、沟通、聚会等场所。客厅一方面是家人聚会和交流的场所，一家人在这里欢聚一堂，不仅可以增加感情、增进幸福感，而且可以适当调节身心健康，陶冶情操。另一方面它是业主与客人沟通、聊天的空间，在这里客人可以通过对空间尺度、视觉审美、沙发材质感知等多方面了解和感受业主的爱好和品位，一个舒适、良好的空间能够增进人们谈话的欲望和心情的放松。其他群体活动的公共空间也是按照设计元素和设计法则进行设计，从而满足业主的身心需求。

2．**私密性空间**　私密性空间是居住空间极为重要的空间，现代人们越来越注重个性的发展，私密性空间可以让人们有一定的私人领地，从而净化自己内心的心灵，不管是老人、年轻人和小孩都应该有自己的独立私人空间，这很好地保证了人们的隐私和个体需求。在居住空间中私密性空间一般指卧室、书房、卫生间、衣帽间等，尤其卧室应该根据不同年龄层次的人们身心需求和审美进行合理、有效地设计，避免受到外界干扰，解除精神负担和心理压力。卫生间也是较为隐私的一个空间，它是满足家人的洗浴、更衣、上厕所等活动和生活的空间，卫生间要求明亮、干净、无异味，尽量做到干湿分离，有条件的业主要求主卫、次卫和公卫相分离，进而保障家人的隐私。

三、居住空间使用功能

1．**家务区域空间**　就是把各种家务需求融入一个空间区域里，把相关家务事项和活动都集中在同个区域完成，这不仅可以节约时间和空间，同时还是对空间动线合理规划和有效实现。一般来讲就是厨房的厨具、烤箱、消毒柜、冰箱等器具，卫生间和洗衣房等空间的洗衣机、拖把池、台盆、扫帚、拖把、吸尘器、收纳柜等工具与设备按照一定的顺序和动线进行合理划分和设计，使之达到节约时间、高效操作、集中完成。家务区域空间合理有效地利用可为家务提供一个舒适、美观、便捷的空间，同时结合现代高科技设备和人体工程学，享受高科技，从繁重的劳动中解放出来，可以有时间做更多其他的事情。

2. **生活区域空间** 相对于家务区域空间，生活区域空间是指客厅、餐厅、书房、卧室等空间，它包含了人们的聚会、休息、就餐、生活和交流等诸多方面内容（图4-2）。它是“家”的最核心的区域空间和理想概念，尤其是客厅，它更体现了一家人的聚会、交流、游戏、讨论和戏耍的大空间，增加家人的情感交流和代际之间的感情，是一个温馨、舒适的“家”的集中代表。餐厅是家庭另一个非常重要的空间，它也是整个家庭成员之间的配合、互动、参与的空间，大家在这个区域空间里各尽其责，共同就餐，其乐融融。生活区域空间要结合业主和家人的审美和身心需求进行合理设计，量身定做，从而实现生活与工作、精神与物质、品位与美学等统一。

图4-2

四、居住空间的功能设置

1．住宅空间的组成　常见的住宅空间，可按照不同的模式划分：

（1）按使用功能，可分为活动区（客厅、娱乐室、景观阳台）、用餐区（餐厅、吧台）、服务区（厨房、卫生间、生活阳台）和起居区（卧室、书房）。服务区相对固定，而起居和活动的功能一般会随着不同年龄、不同喜好的人群而变化。

（2）按使用特点，又可分为污区（厨房、卫生间、生活阳台）和洁区（其他房间）。洁净区域的功能管线简单，相互兼容性强；而污区管线相对复杂，功能间的灵活性和兼容性较差。

（3）从环境特征来看，还可分为公共区（客厅、餐厅、厨房）和私密区（卧室、书房等）。公共区域和私密区域要求既相互独立，又具备便捷的联系动线（图4-3）。

居住空间功能：公共、私密空间的联动关系示意图

图4-3

2. 不同人群的使用需求

（1）年轻时单身或二人世界：需要大范围的活动空间，卧室数量要求不高，文化娱乐方面功能需求旺盛，最好有娱乐室、放映室甚至健身室。

（2）带孩子的三口或五口之家：娱乐功能降低，储物需求增大，需要主卧室、儿童房和老人房，最好能有两个以上的卫生间。

（3）孩子长大入学后：父母也事业有所小成，需要两个卧室，最好一个书房，可以有私密的工作空间。

（4）孩子自立以后：回归到年轻时的居住状态，但对休闲、静养的空间需求达到高点（图4-4）。

图4-4

第二节　居住空间主要区域的功能设计

一、公共空间的功能设计

1. 客厅的功能与设计

（1）聚会休闲。客厅使用频率最高的还是家人聚会与休闲，一家人在客厅里观看电影、电视，或者进行交流，玩耍。因此客厅都会设计一组沙发和茶几，供大家交流，从而达到家人和睦、亲切温馨的效果。

（2）会客。客厅作为一个家庭对外交流与沟通的空间，它在空间布局与室内设计上要符合业主的审美、品位以及展示作用，让客人们能在客厅中感受到良好的空间氛围和舒适温馨的室内气氛（图4–5）。现代住宅客厅一般都有沙发、茶几区域、电视背景墙、展示区域、其他小品绿植区域，通过简洁时尚的灯具、高雅的装饰品及花卉盆景装点空间氛围，营造适宜的气氛，让客人感觉业主的品位和兴趣等。

图4–5

（3）视听、娱乐。客厅第三个功能就是影院视听，现代社会人们更热爱观看影视、听音乐及娱乐以得到放松和休闲，在居住空间中客厅是最大的空间，无论是观看电影、听音乐及K歌、弹钢琴等都是最好的空间和场所。这就要求在室内设计之初就要考虑业主和家人对音乐、影院设备、音响、唱歌设备等要求，从而满足家人的视听和娱乐要求。在整个音响与影院设计时应对观看的效果、音响设备质量、观看距离、视听效果等方面进行全方位的思考和设计，从而满足人们的需求，同时注重满足K歌、弹钢琴、打牌、游戏等娱乐功能的要求，或者可以单独布置一个房间进行相关娱乐活动。

（4）阅读。客厅也可以当作阅读的空间，利用客厅相关有利条件结合阅读设计一个小的阅读区域或者把书柜设计成背景墙，利用凳子或沙发随意组合成一个小范围的读书阅读区域，从而在客厅进行阅读。

（5）客厅的设计与布置。客厅是居住空间最重要的空间，它是人们的脸面工程和对外窗口，因此，对客厅的设计与布置相对来讲要求就要更高一点，使之达到业主的审美和品位。客厅应根据场地条件、面积大小、业主需求等对空间、界面、家具、色彩、灯光、材质等方面进行组合与搭配，进而设计出符合业主审美和身心需求的空间环境。

2. **餐厅功能与布局** 餐厅是家人用餐的空间，一般都会与厨房连在一起。餐厅一般都有餐桌、餐边柜、艺术吊灯或者其他展示柜等家居，也有餐厅空间会布置品酒区和咖啡区域，总体来讲，餐厅功能就是满足家人的就餐、品酒或品尝咖啡的空间。在空间布局上一般分为独立式、厨房中的餐厅、客厅中的餐厅三种（图4-6）。无论哪种形式，

图4-6

餐厅最基本的功能还是满足家人最基本的就餐需求，在功能布局上多根据空间尺寸和大小进行布置，一般有一字型、靠边型、圆桌型、折叠型、抽拉型等多种布局。

3. **厨房功能与布局** 厨房是一个家庭生活质量的衡量标准，尤其是现代社会中厨房要求更高，人们注重厨房的现代设备和高科技的运用，讲究工作效率、烹饪品质、卫生干净，同时厨房也是代际交流和合作的地方，大人小孩一起合作做家务，是培养小孩独立、动手能力的好场所。由于厨房主要还是烹饪的地方，它的空间功能就需要油烟机、燃气灶、冰箱、消毒柜、烤箱等设备，同时对调料、厨具等要有收纳储藏空间或柜子，最后就是洗涤功能，包含水槽、冷热水、水盆等。理想的厨房最好能达到流程便捷、功能合理、空间紧凑、尺度科学、取用方便、注重卫生、垃圾分类处理等功能。而厨房布局一般根据储藏与调配中心、清洗与准备中心、烹调中心三个工作区域进行合理划分，有一字型、U型、L型、半岛型、中岛式等布局形式（图4-7）。

图4-7

二、私密空间的功能设计

1. **卧室功能与布局** 卧室功能分区主要有睡眠、收纳、休息、化妆、观影等功能，以安静舒适、温馨、私密为主，在设计时注重卧室的私密性和个性，妥善处理卧室的睡眠区、贮藏区和梳妆区的布局与设计（图4-8）。睡眠区注重床的质量和品质，同时床的材料与色彩要与卧室风格一致。贮藏区是指衣柜、床头柜、衣帽间等收纳空间，柜门设计时尚简洁，柜子按照衣服、裤子、鞋子、袜子、领带、大小件、被子等卧室用品进

图4-8

行分割设计大小、长短不一的收纳柜。梳妆区是指女主人的化妆、梳理的区域。这些功能的分区与设计要与总体风格一致，突出私密性和个性。卧室的种类有主卧、次卧、客卧、保姆房、小孩房、老人房等，卧室布局与设计首先要与室内设计风格相一致，主次分明、个性突出、交通组织合理，具有良好的通风与采光，色彩以浅色温馨为主，家具摆放和谐，柔和可调控的不同照明氛围，采用环保绿色的家具。

2. **书房功能与布局** 书房是提供家人工作、阅读和书写的空间，功能单一，但要求较高。首先是采光通风要好，书房空间能够看到外面的风景和景观，具备良好的采光通风功能，其次需要安静、明快的空间，最后是灯光、空调等设备系统安装良好，书柜具有一定的设计感，让人们在书房里感受到书香气息和学术气氛。书房一般可以划分阅读、工作、藏书三大区域，阅读区和工作区是书房的主体空间，照明设计上以明亮、时尚的灯具为主，同时配合吊灯和射灯或筒灯进行主次照明之分，书桌以简洁时尚多功能为主，椅子符合人体工程学。书柜立面具有一定的设计感，根据室内设计风格进行设计，创造一个温馨宁静、时尚明快的书房空间，以体现业主的爱好、个性和品位（图4-9）。

3. **卫浴功能与布局** 一般来讲卫生间包含洗漱设施、便器设施、淋浴设施三大设施功能。洗漱功能区的台盆、柜子、镜子等设施选择和搭配根据卫生间风格来定，尤其台盆要以实用为主，应符合人体工程学，而不是以美观为主。便器设施有条件的最好做到小便与大便设备区分。淋浴设施考虑公共淋浴与浴缸的区别。在公共卫生间最好安装

图 4-9

淋浴，选择可调控的花洒。地面与墙面瓷砖设计统一中有变化，同时注重地面防滑、无障碍等设计。在卫生间布局中考虑干湿分离，选择防水、防潮且舒适的材料，随着高科技的发展，卫生间也要向多功能化、智能化、科技化等发展，卫生间也可以看电视、听音乐（图 4-10）。

图 4-10

思考题

1. 居住空间特性是什么?
2. 居住空间的分割方式有哪些?
3. 谈谈你对居住空间功能设计的理解?

第五章　居住空间色彩与材料设计

第一节　居住空间的色彩构成

一、居住空间色彩基础知识

1. **居住空间色彩基础知识**　三原色：红、绿、蓝。明度：色彩的明暗度。色相：色彩的相貌。纯度：色彩的饱和度。

2. **尽量不要超过三种颜色**　由于居住空间提供人们居住、休息的场所，它要求室内空间明快、舒适和温馨，因此，在室内空间色彩设计上尽量不要超过三种颜色，以实现温馨和睦之家的感觉。不管居住空间怎么变化和设计，家的主题还是温馨、舒适为主，对背景色、主体色、点缀色三个方面的选择和设计都应该是明快、简洁、时尚和个性。室内的色彩色相在明度、纯度、饱和度等方面应随着室内风格进行调整与优化，以实现温馨和谐的家庭环境。

（1）背景色彩。居住空间背景色彩一般指整个空间的色彩基调，主要体现在墙面、天花板、地面等背景，它是居住空间色彩设计的关键点。它主要是指室内居住空间中位置固定的大面积墙壁、地板等色彩（图5-1）。背景色彩主要是为了衬托室内居住空间的主体颜色，因此背景色彩应该选择相对比较柔和静谧的灰白色彩，发挥其对室内居住空间整体布局的衬托作用。

图5-1

（2）主体色彩。主体色彩可以使用与背景色彩反差很大的色彩以形成对比，也可使用与背景色彩相近的色彩以达到协调关系（图5-2）。主体色彩是指室内居住空间色彩的主旋律，是室内色彩设计的重要部分。它主要是指室内面积适中的可动家具以及陈列的色彩。由于家具与装饰是室内陈设的主要部分，它们就会成为人们视线审美的主体。

图5-2

（3）点缀色彩。点缀色彩是室内色彩设计增加氛围情趣的色彩，是不可或缺的组成部分（图5-3）。点缀色彩是指室内居住空间的协调色彩，是室内色彩设计中画龙点睛的部分。它主要是指室内居住空间中面积极小、极易更换的陈列的色彩。虽然点缀色彩的体积小，但如果能够合理配置色彩，调节空间颜色，点缀色彩也会对室内居住空间的整体色彩效果产生巨大的影响。

图5-3

二、居住空间的色彩分类

色彩是展示我们个性的一种手段，

而普通人的一生将近大半的时间是在居住空间中度过的，拥有和谐、放松、愉悦的室内空间色彩是非常重要的，而且必不可少。不同的风格色彩空间亦不相同。

1. **中式风格** 我国明清时期的室内外造型优雅而不失庄重，高空间、气势恢宏、精雕细琢、雕梁画栋是现代设计中传统中式风格的主要参照元素，造型强调对称，可点缀着盆景、植物和红漆柱、宫灯、金属质感器皿等装饰物。新中式风格抛弃了复杂的造型，化繁为简，用简单的手法演示着传统的韵味（图5-4）。这种设计手法主要体现两点：第一、在当前的时代背景下，我国传统风格文化意义的演绎；第二、空间设计主要建立在充分理解我国当代文化的基础之上。

图5-4

2. **欧式风格** 它主要来自欧罗巴洲风格，也涵盖整个欧洲地区风格。主要的表现形式为哥特式的法式风格、庄严又豪迈的意大利风格、奢华的英式风格、梦幻的地中海风格、简约的北欧风格。现代人进一步塑造传统欧式风格，空间的色调主要以清雅为主(白色、浅蓝色、淡绿色等)，再辅助以简约的线条，风格各异的本色家具。通过空间装饰过渡色彩(紫色、蓝色、纯白)来丰富空间的层次，让空间充满雍容华贵感、富丽堂皇。国内的欧式装修，一般都会对其进行提炼和简化，从而实现现代风格的简约欧式概念（图5-5）。

图 5-5

3. **田园风格**　田园风格的装饰方式带有回到田间乡村的亲昵感，体会大自然的气息（图5-6）。如今生活在到处都充斥着钢筋水泥混凝土的快速发展时代，人们更加向往

图 5-6

休闲放松的田园风格居住空间。仅以农田、山村中特有的特征作为设计形式，以其自然织物、石材、木料等天然材料，彰显纯粹自然的纹理，将室内空间带回大自然，适时缓解现代人快节奏工作压抑紧张的情绪。在色彩设计上，增加原木材料色彩的搭配，地面以赭石、灰色、褐色等暗色居多，用绿叶红花点缀空间，舒缓人的心情。

4. **现代风格** 现代风格式建筑空间起源于19世纪初，人们十分注重自身的居室空间布局，追求舒适程度与使用功能完美结合（图5-7）。在色彩搭配上追求简洁明快、宽敞明亮，又不失韵味。装潢简单，家具量少，遵循少即是多、简约而不简单的设计理念，最大限度地体现家具与空间的协调关系。现代居住环境一般都要求充分利用，功能齐全，层次分明。因此，在当前的居住环境中，一般都会采用色调较低的浅蓝色、浅灰色、乳白色作为基础色调，再辅助以高明度色调来拉开空间距离，丰富空间层次，从而达到色彩和谐、稳重。

图5-7

第二节　居住空间的色彩设计

一、居住空间色彩设计方法

在居住空间中，色彩的设计要根据不同情况进行不同的分析，前提是需要遵循以下应用原则。

1. **色彩的设计要因人而异，因地制宜**　色彩设计主要达到视觉形式美，让人们感到舒适。其中空间的大小位置、使用目的等因素都要慎重考虑。如北方较为寒冷，所以暖色系会比较常用，譬如黄色系、红色系等，使人感觉到温暖、舒适；而南方炎热，常用蓝绿色系，使人感到清爽雅致。小空间使用冷色系会给人以宽敞、清静之感，大空间使用暖色系使人觉得饱满、热情。

色彩的设计还需要考虑使用者使用时间的长短。例如考虑到使用者的视觉审美疲劳的问题，书房、卧室、客厅等使用时间相对较长等因素，为了达到安全、舒适和提高效率的目的，色彩的明度可以高一些，而色彩的纯度不应过高。厨房、卫生间等使用时间较短，可以使用一些鲜艳夺目、新颖奇特的色彩强调主题。

人群的类别和年龄在色彩的运用上也有差异，不同年龄阶段的人们对色彩的要求有很大的区别。男青年的房间宜选用淡蓝色调，以突出性别、年龄段的个性。女青年的房间宜用淡粉色等暖色调。老人房宜用暖灰色色系，使人产生温暖、舒适之感。中年人色彩饱和度相对降低，以轻松、愉悦为主。儿童喜欢色彩纯度、饱和度较高的色彩，以满足小孩好奇、活泼的生理和心理需求（图5–8）。

2. **色彩的设计要整体和谐**　色彩设计要体现节奏感、稳定感和韵律感。居住空间设计中色彩装饰能突出装饰的效果，给人以美的感受，使人赏心悦目。在色彩运用时需要结合室内陈设、家具摆设等因素，协调连贯、色调统一，富有变化，还得考虑业主的职业、年龄、品位、个性等，以便达到最佳的装饰效果（图5–9）。整体和谐是居住空间中色彩规划的重点。色彩设计的核心原则是和谐，也是居住空间色彩的核心原则。居住空间色彩构成因素包括人工的、自然的、流动的、固定的、永恒的等。和谐是要求居住空间色彩在差异中、变化中实现协调或统一。如女生喜欢淡粉色，男生喜欢淡紫色等冷色作为卧室主色调，儿童则更多地选择活泼、明快的浅黄色和淡蓝色。中老年的卧室多用浅色调为主，灯光明亮，因为它是人们休息的地方，适宜选择雅致、温馨的色彩。书房的色彩可根据人的年龄、爱好、职业选择。厨房颜色应以卫生、清洁为主色调，由于厨房的油烟、垃圾、气味等经常会出现，这就需要厨房的瓷砖宜采用耐脏、易打扫的浅

图 5-8

图 5-9

色或是白色为主，地面采用耐污性好材料和中性色，顶部采用浅色系列颜色，使用白色为主的瓷砖装饰墙面便于清洁打扫整理。卫生间是对清洁要求更高的空间，是洗浴和洗涤的场所，在色彩搭配上有两种形式，一种是地面、墙面都采用黑色的深色系为主，深色调做表面装饰，另一种是地面、墙面都采用白色的浅色系为主。两种形式各有各的特点，第一种个性强、稳重、气派，适合思想活跃的人；第二种简明、轻松，适合家庭。居住空间的色彩协调就会让人感觉舒服。因此，居住空间的色彩和谐永远都与色彩及家居颜色相关联。

3. **色彩的设计要对比和统一**　协调和对比是出现在绘画色彩处理中的常用手段，依靠感官的协调体现去感受心理的和谐统一，而对比则呈现出强烈刺激的感官感受（图5-10）。在设计过程中应当适度巧妙地运用协调与对比，若是对比的强度过大，会呈现出一种喧宾夺主的强烈感官刺激；居住空间色彩搭配的对比，一般都是通过居住空间内面积大小对比、居住位置对比、方向对比从而得到体现；运用连续对比和同时对比的形式进行时间上的对比；空间上的对比形式相对较为广泛，可通过不同平面间的对比、同一平面间的对比、近似平面间的对比等形式体现，对比形式多种多样。但是，过度的协调反而会起到反作用，会让人们觉得过于规矩化与死板，恰到好处的协调与对比能够让复杂趋于简约，简约中又不失变化。在室内环境设计当中色彩的运用尤其要注意对比和谐统一的问题。

图5-10

二、居住空间的色彩设计内容

居住空间室内的主色调必须依据空间构图来确定，居住空间室内的主色调在整个室内色彩中有润色、烘托以及色彩主旋律的作用。色彩的明亮程度、色彩的纯度、色彩的对比和对色度都是形成室内主色调的主要形成因素，在色彩搭配时主要体现出变化中又有统一协调的关系，若色彩统一却无变化效果则达不到对色彩美学的审美要求，若色彩变化繁复却不统一，给人一种杂乱无章的感觉，这也是与色彩美学背道而驰。因此，对色彩的设计一定要做到既统一又富有变化，将色彩对室内空间的美化作用发挥到极致，完美处理色彩搭配中的协调与对比、多变与统一、平衡与稳定、主体色彩与背景色彩间的关系。面对室内的色彩设计时，主色调是首当其冲考虑的。此外，在室内色彩设计时需要体现出节奏感、稳定感、韵律感。居住空间环境色彩对室内的空间感、舒适度、使用率、心理作用等均有很大的影响，因此，在居住空间中必须对色彩进行全面认真的推敲。居住空间的色彩设计核心问题就是色彩搭配，即色彩效果取决于不同颜色之间的相互关系，如何处理好色彩之间的对比与统一关系。因此，我们必须从以下几个方面了解居住空间的色彩设计。

1. **色彩的心理感受**　色彩由于本身的明度、色相、纯度以及其他属性，对于色彩的心理认识和感知，经过人类漫长的进化，不同地域文化和种族的人们对色彩逐渐形成了较为稳定的视觉、心理的感受。设计师利用色彩心理感知营造空间环境氛围、塑造空间特性、改善空间环境。从色彩的冷暖、远近、轻重、大小、明快与混沌、热情与冷淡等感受进行色彩设计。有时设计师要考虑不同民族、文化对色彩的感受与象征是不一样的，需要做一些了解。

2. **空间朝向对色彩的影响**　居住空间中一般都有东南西北不同朝向的房间，不同的房间会接收到不同的自然光照，不同的色彩在自然光与人工光影响下会产生不同的效果（图5-11），如南面阳光充足，室内空间会让人感觉燥热、烦躁，这就需要在南面房

图5-11

间布置一些明快、凉爽的色彩。而北面的房间光线较弱，比较阴暗，可以利用不同的色彩对光线反射率来改变空间的阴暗和昏沉。西面房间基本属于西晒，光照强烈，整个下午基本属于直射状态，因此，在色彩搭配上选择冷色系或者浅色系为主，同时注重与周边环境相协调。东面房间上午接受太阳光较多，与日光相对的墙面宜采用吸光率比较高的深色，背光的墙面采用反射率较高的浅色会让人感觉舒服一些。

3. **建立居住空间色彩设计色卡**　自己建立一套色卡是提升室内空间色彩设计最快的方法之一，每一种出现在空间中的色彩都可以带来极大的影响力，多种颜色的组合更能增加丰富多彩的印象。色卡就是在平时不断训练中提升自己色彩设计能力，可以从有主导色、同色调、单色系、双色系、三色系、层次感、隔离感、漂浮感等方面进行配色和建立色卡。对于任何人来讲，建立自己的色彩资料库是有益的，每个人应该根据自己的工作内容，一点点进行这个过程，这不仅仅是做分析，也是做调研。对空间色彩创作的每个案例都进行色彩分析，你就有了一个自己的色彩资料库。

4. **色彩平衡称**　每个人心中都有一个“色彩平衡称”，但具体到什么是色彩平衡称，这是无法用一两句话就解释清楚的。如何把握空间的色彩关系（图5-12），实际上就是在空间中如何实现空间中各个画面的整体对称与均衡、对比与和谐、比例与尺度等美学问题，再细化就是色彩的位置关系、深浅、冷暖、面积大小以及色彩情感表达、信息传达、主从关系等确立。

图 5-12

第三节　居住空间装饰材料

一、装饰材料分类

随着人们生活水平的提高和对生活品质需要的提升，室内装饰材料已经不再停留在实用性上，而更多的是在装饰性上，既美观又实用才是现在业主的需求根本，而同时随着制造业和科技的进步，装饰材料的发展迅速，变化速度之快是惊人的，新的材料也在为人们提供更多的选择和创新的空间设计可能性。装饰材料主要是用于装饰性的室内空间界面材料，它具有装饰性和功能性。装饰材料的分类从材料形态可以分为五种，即实材、板材、片材、型材、线材；这是装饰材料最常用的分类方式。

而材料则有涂料、实木、压缩板、复合材料、夹层结构材料、泡沫、毛毯等。常用的室内装饰材料有涂料、胶合板、实木、复合材料、夹层结构材料等。按其树种可分为水曲柳、榉木、楠木、柚木等板材。实木常用于制作装饰板、地板等,常见的木种有水曲柳、杨木、松木、橡木等。如今越来越多的复合材料及夹层结构材料产品也已被用于室内装饰,并用于制作诸如家具、内墙、地板、防火层等。

二、装饰材料种类与应用

1. **实材**　实材属于一种原材料，实材主要是指由原木制成的材料，常用的原木有杉木、红松、水曲柳、香樟、椴木等，而比较贵重的原木有花梨木、榉木、橡木等。在装修中所用的木方主要都是由杉木制作而成的，其他的木材主要用来配套的家具和雕花配件使用。

2. **板材**　由于环保的需求，实木材料的开采受到了控制，目前市面上大量使用的板材都是以人造板材为主，既满足大量的木材加工的需求又能保护树木、节约能源，板材主要是由木材、石膏、植物木纤维等材料高温加热加压而成，板材规格主要是1200mm × 240mm，常见的板材有细木工板、胶合板、刨花板、密度板、装饰面板、石膏板等，它们多用于家具、室内装饰构造的制作。

常见的板材装饰装修材料有：防火石膏板、三夹板、刨花板、复合板等，还有一些比较贵重的红榉板、白榉板、橡木板、柚木板等（图5-13）。

3. **片材**　片材主要是以石材、陶瓷、木材及竹材等材料加工而成的一种片状材料，石材主要是以大理石或花岗岩天然石材为主，其厚度有一般为15 ~ 20mm（图5-14）。品

图 5-13

种比较繁多，常见的装饰装修材料地砖和墙砖可分为六种：一是耐磨砖，也称玻璃砖，防滑无釉，二是釉面砖，面滑有光泽，三是仿大理石镜面砖，也称抛光砖，面滑有光泽，四是马赛克，五是防滑砖，也称通体砖，六是墙面砖，基本上为白色或带浅花。

图 5-14

4. **型材** 型材主要是由钢、铝合金及塑料制作而成，统一的长度一般为4～6m，钢材通常适用于防盗门窗的制作和栅栏的安装。铝合金的主要材料分为两种颜色，一为银白、二为茶色，在家庭装修中，也有用来装修卫生间和厨房吊顶（图5-15）。

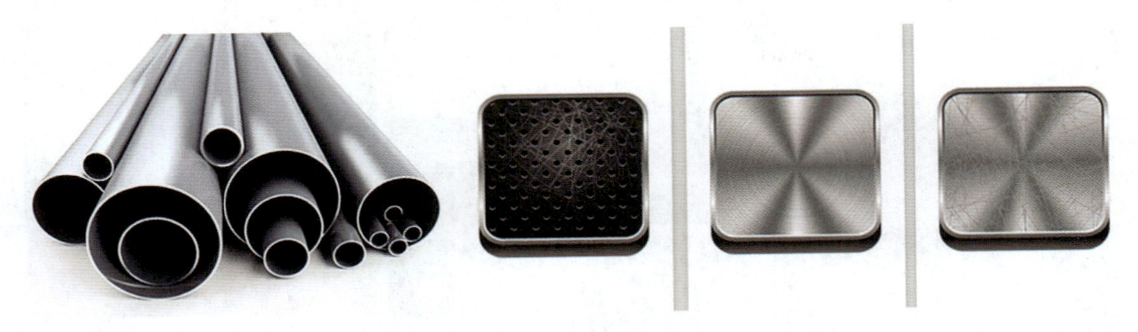

图5-15

5. **线材** 线材主要是由木材、石膏、金属、聚氨酯混合一起加工制作而成的，木线的种类有很多，长度也不同（图5-16）。石膏线通常分为：平线和角线两种，平线配角花，一般宽度为5cm左右，角线一般用于墙角和吊顶，种类比较多。

图5-16

思考题

1. 居住空间色彩的搭配技巧有哪些？
2. 居住空间色彩的设计方法有哪些？
3. 居住空间装饰材料种类有哪些？

第六章　居住空间照明设计

第一节 居住空间照明基础知识

一、居住空间照明的分类

室内空间照明通常分为自然采光和人工照明两种。自然采光涉及很多因素，这里暂且不谈，单单从我们使用比较多的人工照明来看。下面简单对居住空间设计中照明种类做几点归纳：

（1）直接光照，常被用于展品的表现，用光源直接照射的方式，突出重点，能在第一时间集中视线的焦点，用于珠宝、展品较多。

（2）间接照明，这里特指用反射光进行照明的方式。例如把全部光线射向顶棚，然后利用经天花板反射的光线进行照明。其优点是光线比较柔和、无炫光。缺点在于光能的消耗太大，能见度不高，需要与其他的照明方式配合使用。

（3）半直接照明和半间接照明，之所以把半直接照明与半间接照明放在一起讲，是因为这种方式在取上述直接照明和间接照明的优势之外，有加深空间感的作用。

（4）漫射式照明是利用灯具的折射进而控制炫光，使光线向四周扩散漫射。优点是光线均匀地向四面八方散射。在光线柔和、无炫光的基础上，有助于烘托整个商业空间的氛围，增强空间感（图6-1）。

图6-1

二、居住空间照明设计方法

1. **重点照明**　重点照明能吸引人们的眼球，并传递特定的信息（图6-2）。通过重点照明强调家庭环境中的重要信息，而通过较低的照度水平弱化次要的或易分散注意的内容，从而快速准确地传递居家照明的信息。

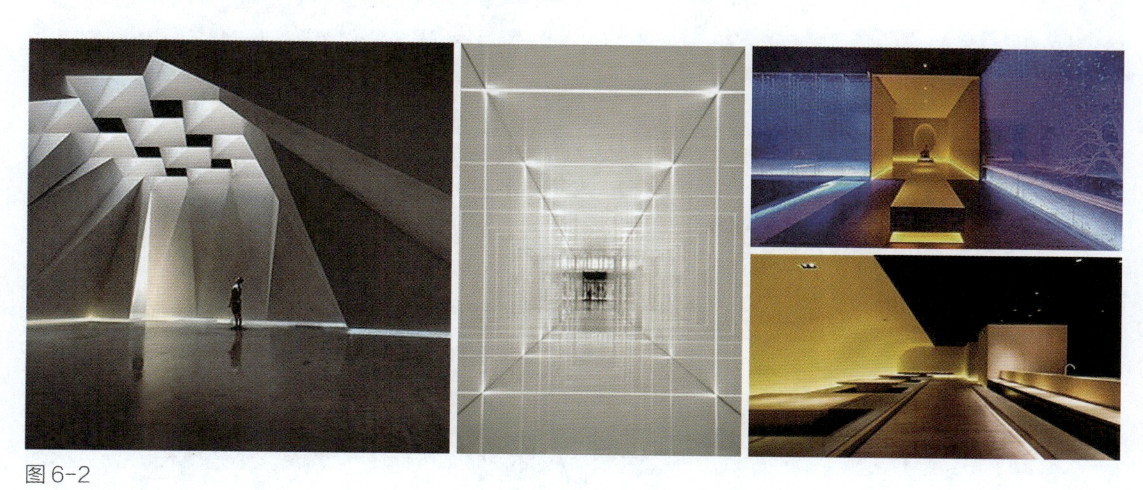

图6-2

2. **表演性照明**　眼睛长时间处于光照环境下，容易感到疲劳，表演性灯光可以增加家庭照明的活力和环境氛围，实现整体空间的表现力（图6-3）。在安装光源时，也要注意光的散射方式，避免灯具眩晕人眼。

图6-3

3. **环境照明**　环境照明提供环境的总体照度，保证空间、物体和人都是可见的（图6-4）。这种照明形式塑造居家环境的整体氛围，作为家庭光照的基本手法之一，环境照明是整体照明设计的重点。

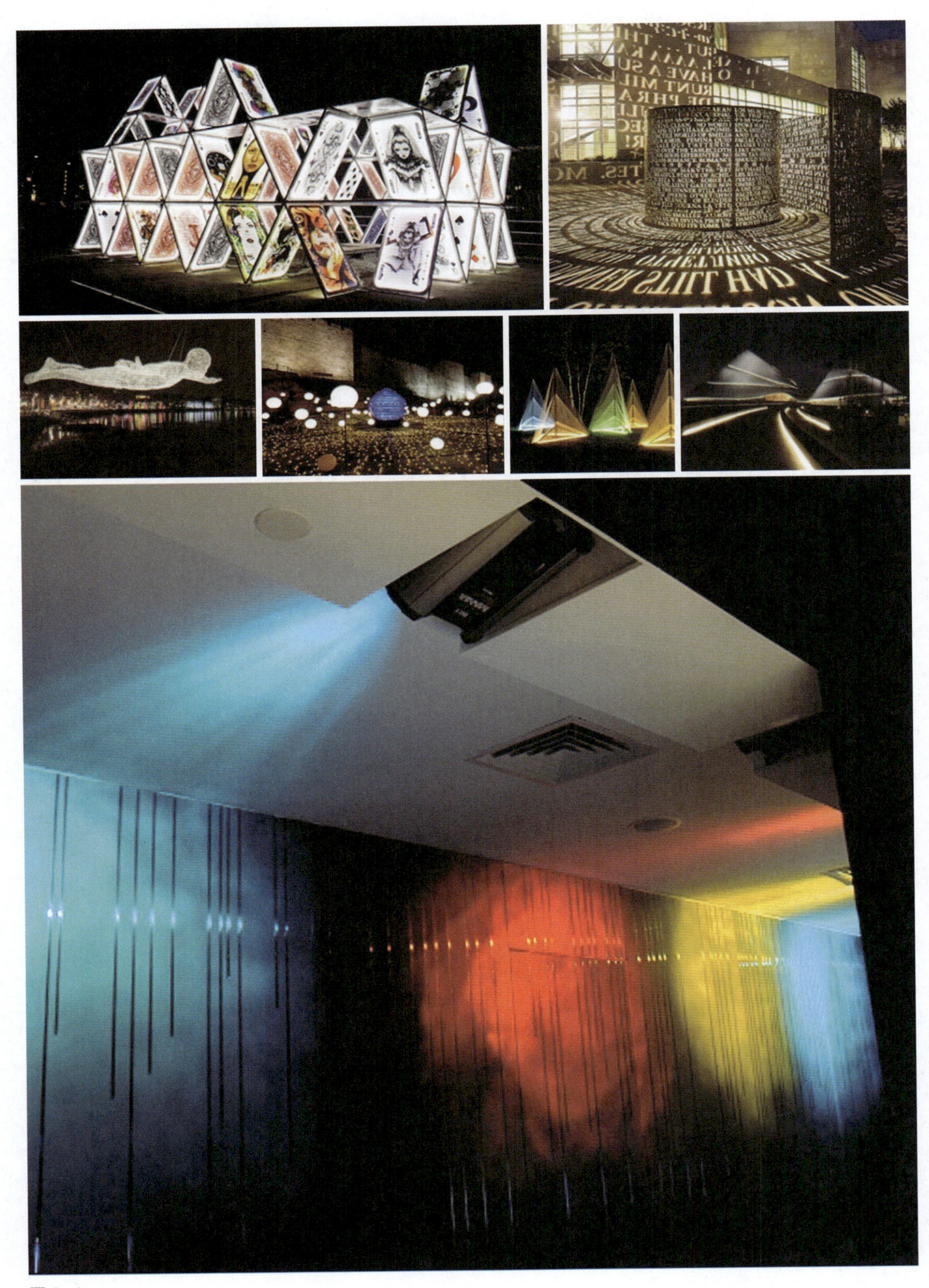

图 6-4

第二节　居住空间灯光营造

1. **书房照明**　书房是人们日常阅读、工作、看书的场所（图6-5），对于局部光源有较高要求，首先是基础照明，一般用LED吊灯作为整个书房的全域照明，其次还需着重对局部光源进行设计，考虑护眼、亮度和色温。书房主灯出光方式多为面出光，优点照明区域面积较大，但是缺少层次感。筒灯和射灯可以实现空间灯光氛围，或者可以采用可调节筒灯或射灯。书房局部照明一般有台灯、灯带、射灯或筒灯，选用可调节亮度的台灯，可以满足业主的实际需求，灯带和射灯可以起到烘托空间氛围作用。同时在选择灯具时，应该选用护眼、节能、低色温的LED灯具，色温不宜超过4000K。

图6-5

2. **床头阅读照明**　床头阅读照明一般采用可调控的台灯、壁灯、吊灯、落地灯为主，光照效果以明亮柔和为佳，最好能够调节，营造一种温馨的格调（图6-6）。一般床头灯色调以暖色或中性色为宜，如白色、米黄色等。

3. **看电视时的照明**　看电视时环境照明与视力形成一种关系，在设计时就应根据电视环境照明光源进行合理设计与选择，避免电视性眼疲劳。一般做法就是将照明灯安置在人眼视觉范围以外，以看不到灯光光源为佳。

图6-6

图6-7

4. **餐食照明** 餐厅照明已成为餐厅最重要的设计，有的设计师将灯光作为餐厅唯一的设计元素（图6-7）。餐厅基础照明有加大光源、使用灯带、增加其他基础照度等方式进行布置，灯光色彩以暖色调为主，灯具选择考虑清洗便捷，与室内风格相一致。

5. **厨房照明** 厨房照明大致分为整体照明，洗菜、料理台区域照明，收纳区照明三个区域。它是一个多层次的照明系统，一般分为整体照明、辅助照明和局部照明三种形式，顶部基础照明主要采用吸顶灯或筒灯为主，辅助照明主要对在操作区、洗涤区用筒灯或射灯进行局部照明，收纳区域可以采用灯带或者小灯进行氛围照明，安装时注意选择宜于后期打扫清洁的灯具。

6. **卫生间照明** 卫生间灯光设计也要从空间照明、功能性照明和背景式照明三大方面进行设计。卫生间的空间主题照明以吸顶灯、筒灯、射灯为主，功能性照明主要体现在镜前灯、镜子两侧壁灯、浴室镜灯光一体化等，卫生间背景式光源一般采用灯带或射灯进行装饰，突出个性和美观。

思考题

1. 简述居住空间照明设计有哪些方法。
2. 简述客厅照明设计应注意哪些问题。

第七章　居住空间家具设计

第一节　居住空间家具特性

一、家具的类型

室内空间组成要素中，家具是一个不可或缺的重要因素，家具犹如空间中的灵魂，主导了空间的风格和特点，更为空间带来强大的实用功能。随着空间的多样性要求，单一的居住空间功能已经不能满足多元化的功能需求，家具不只是储物的功能，更多的是起到规划整体空间的格局、调节空间色彩、确定空间风格以及营造空间环境的作用。因此，家具显然和居住空间形成一个有机的系统。

1. **按基本功能分类**　按照家具的使用功能进行分类，依照人与空间的生活习惯、行为模式进行划分，是较为常用的一种分类方式。

（1）坐卧类家具。坐卧类家具是家具中最古老的家具类型，中国家具发展经历了席地而坐的矮型家具到垂足而坐的高型家具的演变过程，人类坐卧家具也在不断地变化，作为生活中不可或缺的家具类别，古人以席为主要家具，在席上完成生活中的大部分生活功能，如接待朋友、进食、睡眠、手工劳作等。同时，席也有其身份等级的作用，也有严谨的礼仪制度，《周礼·春官·司几筵》记载："掌五几、五席之名物，辨其用，与其位"。其中，五席分为莞席、藻席、次席、蒲席和熊席。《论语·乡党》一文中说："席不正不坐"。演变到后期高型家具，人们将生活所需的家具进行了细致的分类，为每一个家具指定了它的专有功能，以榻为中心的室内空间形式逐步形成。坐卧家具的产生是人类告别动物生活习性进化演变中更为高级的行为轨迹，也是家具设计最深层次的哲学内涵。坐卧类家具是与人体接触面最多、使用时间最长、使用功能最多最广的基本家具类型，造型式样也最丰富，坐卧类家具按照使用功能的不同可分为椅凳类、沙发类、床榻类三大类（图7-1）。

（2）桌台类家具。桌台类家具从古代的案、几类家具演变至今，形式多样、造型别致，功能也随之发生了许多改变，最早的几是身份的象征，天子的玉几、诸侯的木几都显示了不同的身份象征。此外，几的功能最早是祭祀时放置供品，而后慢慢演变成生活中进食、书写等作用，到现代生活中，几一般为搁置物品的承载工具，如茶几、边几、条几、花几、炕几等，而由案演变而来的桌占了家具的使用主流，古时的书案、供案也成了书桌、饭桌、供桌，还有会议桌、课桌、电脑桌、游戏桌等，桌成为桌台类家具中最频繁使用的形式之一（图7-2）。

由于桌台类家具在使用中功能操作性更强，家具的平整度要求较高，又都是离开地

图 7-1

图 7-2

面，靠腿脚支撑，所以桌子在设计上就更多要考虑功能和美观性的作用，既要考虑桌子承载的功能性，又要考虑其轻巧美观的造型感，这对于其结构力学和造型美学的要求就更高了。随着技术的提升，桌子的功能赋予了新的技术，新型材料让桌子变得更加好打理，结实耐磨又轻巧；电子技术让桌子可以自动升降，配置显示器、温度计等让桌子的功能变得更加多元化。而它们的尺寸因为功能的需求也不再墨守成规了，原有的桌子按照人体工程学原理设计，一般桌子高度在75cm，但随着功能变化后，有电脑功能的电脑桌就会因为键盘的设置而使得桌子要有所抬高，而自动升降桌也会随着你的坐站交错姿势进行调节，使得它更加符合人们的功能使用。

（3）橱柜类家具。橱柜类家具也被称为贮藏家具，在使用上分为橱柜和屏架两大类，在造型上分为封闭式、开放式、综合式三种形式，在类型上分为固定式和移动式两种基本类型。橱柜类家具在古时除了橱、柜以外还有箱、架等形式。例如，储藏衣服的衣箱、储藏字画的珍宝箱、书架、珍宝架、花架、镜架、博古架等，到了现代，随着储藏功能要求越来越高，除了衣柜、鞋柜、酒柜、橱柜、镜柜、五屉柜、餐具柜、床头柜、电视柜、高柜、吊柜形式更加多元化的家具之外，还出现了步入式衣柜、整体式衣柜等橱柜类家具形式；屏架类有衣帽架、书架、花架、隔断架、屏风等；此外，箱类贮藏家具随着生活方式的改变也逐渐被取代。储藏类家具虽然不与人体发生直接的身体接触，但是尺寸准确、设计合理的家具带给人们许多归纳和收藏上功能的便捷性与多功能性。法国建筑大师与家具设计大师勒柯布西埃早在20世纪30年代就将橱柜家具放在墙内，美国建筑大师赖特也以整体设计的概念，将贮藏家具设计成建筑的结合部分，可以视为现代贮藏家具设计的典范。

2. **按家具材料分类** 对家具进行材料分类主要是可更好地把握材料特点，巧妙使用不同的材料进行家具设计与制作，现代家具也从单一材料向多种材料个性化设计方向发展，并且在工艺结构上更加注重材料的标准化和部件化装配工艺的发展。因此，在家具分类中针对材料来进行区分，更有利于对家具特性的设计研究。

（1）木质家具。木头天生就有温暖触感和雅致的气质，由于树种的不同会有不同的色彩和纹理区别，加上它易加工、造型工艺都多元化，是很多材料都无法超越的，所以从古至今木材一直是中国家具的主要材料之一。

变形可能是木材遇到最大的困难，为了保持木制材料的稳定性、防潮性，中国传统木工师傅在木材上施以油蜡以保持它不被空气中潮湿的水分所影响。结构上也采用榫卯连接，不用一颗钉子，却能保证家具百年来稳固牢靠，在中国传统木质家具中所能看到的是中国传统手工艺智慧的结晶，也是学习家具结构与材料的入门必修课。

同时，木制材料有很强的水平和纵向承载性，为家具的结构稳定带来了很多的保证，但是随着人们对现代曲线家具的追求，利用人造多层板制作高温弯曲的家具颠覆了原有木制材料方正平直的造型，为人们带来了更多的选择。

（2）金属家具。随着现代主义的影响，现代家具追求简洁时尚的现代风格，为了满足其在精简造型与牢固的承载力的双向要求，在材料的选择上多采用金属材质，如不锈钢、钢结构来设计，也使得家具材料趋势从“木器时代”向“金属时代”与“塑料时代”的复合材料时代发展。特别是随着大批量工业化大生产的需求和零部件加工，标准化组合的现代家具生产模式的推广，可塑性强、坚固耐用且光洁度高的金属材料成为最受欢迎的家具材料之一，越来越多的现代家具采用金属构造的部件和零件，再结合木材、塑料、玻璃等组合成灵巧优美、坚固耐用、便于拆装、安全防火的现代家具。

（3）塑料家具。塑料是对20世纪的家具设计和造型影响最大的材料。由于最初人们对塑料材料的印象一直定位在脆弱、不耐重，所以它一直没有成为家具材料的主流，而是作为临时家具材料使用。但是随着塑料材料技术的提升，塑料材质也有了稳固、防潮、耐用、样式多样的优点，使得它慢慢成为家具材料中使用频率较高的一种材料形式。塑料是当今世界上唯一真正的生态材料，可回收利用和再生。塑料制成的家具具有天然材料家具无法代替的优点，尤其是整体成型自成一体、色彩丰富、图案多样、防水防锈，成为公共建筑和室外家具的首选材料。

（4）玻璃家具。玻璃有着晶莹剔透、色彩斑斓，犹如宝石般平滑光洁透明的独特材质美感。现代技术让原本脆弱易破损的玻璃材质变得坚固耐用，既美观又光滑的玻璃材质迅速成为家具材料的新秀，也成为现代家居风格中重要的材料表现形式，极大地增强了家具的美观装饰性和观赏价值。同时，玻璃做为人造材料，因其加工方便，造型独特更使得越来越多的人喜爱它（图7-3）。

图7-3

由于玻璃现代加工技术的提高，本来看似脆弱的玻璃也可以加工，在平板玻璃的演变基础上，产生了雕刻玻璃、磨砂玻璃、彩绘玻璃、车边玻璃、镶嵌夹玻璃、冰花玻璃、热弯玻璃、镀膜玻璃等具不同装饰效果的玻璃，这些玻璃大量应用于现代家具，起到了很好的装饰性，由于现代家具日益重视与环境、建筑、家居、灯光的整体装饰效果，尤其是在承重不大的餐桌、茶几等家具上，玻璃更是成为主要的家具用材，另外它还能作为墙面装饰材料来使用，起到装饰和隔断功能。玻璃由于透明的特性，在家具与灯光照明效果的烘托下起到了虚实相生、交映生辉的装饰作用。

（5）石材家具。石材一般都包含大理石、花岗岩，室内家具利用石材自然、环保和耐久等特性设计成桌子、台案、几案的面板。石材材料总体来说相对较厚重，所以出现了岩板材料的家具，岩板也就是陶瓷岩板，是超大规格新型瓷质材料，主要用于家居、厨房板材领域。岩板对比陶瓷大板，岩板可钻孔、可打磨，更方便切割，适合做各种造型。因此要注意区分，陶瓷大板不等于岩板。岩板较石材来说更加轻薄，坚固性强，具时尚感，也深受人们的喜爱。

（6）软体家具。软体家具传统工艺上是指以弹簧、填充料为主，在现代工艺上还有泡沫塑料成型以及充气成型的具有柔软舒适性能的家具，主要应用在与人体直接接触并使之合乎人体尺度并增加舒适度的沙发、座椅、坐垫、床垫、床榻等，是一种应用很广的普及型家具。

二、居住空间家具作用

家具的造型、色彩、样式决定其风格，家具风格在建筑空间内也决定了建筑空间的风格和特点。当前建筑空间装修装饰似乎无新意可言，逐渐走向模式化、快餐化。那么要体现建筑空间的风格，使其具有个性化和特点，就需要家具来体现。例如当前流行的巴洛克风格、英伦风格和地中海风格等，很大程度上是由建筑空间内的家具风格体现出来的。在我国人民大会堂，各个省、直辖市和自治区厅的建筑空间风格一方面是装饰体现，更重要的一方面是家具风格的不同来体现。

1. **组织空间与人流** 在现代建筑和室内空间中，为了增加空间的使用率和灵活性，家具成为代替墙体分隔的一种较好的媒介，将空间分隔成相对独立、功能不一的区域，使空间的利用率大大增加。这些区域间虽无严格的界限，但其独立性仍明显地为人感知（图7–4）。

除了分隔空间以外，家具还在空间里起到组织人流的功能，家具位置和空间的划分，在一定意义上改变了人对空间的使用状态，也调和了人的空间流线，使室内空间设计更加自由，但同时也需要注意的是，如果家具布置不当也会带来空间的比例失调和混乱，让心理和视觉上产生不均衡与无序的效果，所以正确合理地利用好家具的特点，对空间进行分隔处理，将最大程度地节约资源、节省空间。

2. **间接扩大空间** 家具除了分隔空间外，它比墙体更实用的功能是它的内部可以

图 7-4

储藏大量的物品，具有较好的储藏性和多功能性，这也起到了间接扩大空间的作用。例如：在楼梯下方设计储藏柜或者书柜都能很好地把这个闲置空间充分地利用起来；又如门廊上、过道、墙角等区域也可以设计储藏柜，增加使用的空间（图 7-5）。

图 7-5

在很多小户型中，家具的尺寸受到了很大的约束，为了增加空间的使用率，经常会采用折叠性的多功能家具，这样家具可以在不同的需求下提供不同的效能。例如可折叠的餐桌，在日常使用的时候可以满足2~3人的使用，但在有客人来访时，它可以满足8~10人的需求。此外，床下抽屉、可变形的凳子、折叠椅、嵌入墙壁的壁柜都可以使得空间使用率得到提升，提高生活品质。

3. **划分功能，识别空间** 家具在室内空间可以起到划分功能和识别空间的作用，一般通过博古架、展示架等大型家具分割空间，也会采用低矮家具、陈列柜、线帘、珠帘、布幔等划分空间，使之达到围而不割、相互通透等效果（图7-6）。如在客厅与餐厅之间用低矮的餐边柜或者展示柜进行分割空间，使两个空间既有区别又有联系，让人们感觉整个空间有连续性又有一定的私密性。

图7-6

4. **调节室内环境的色彩** 在室内的环境色彩设计中，家具在整个室内的色彩控制中起到了重要的作用（图7-7）。家具的色彩选择往往要先总体控制和把握整体空间环境的色彩，保持家具与空间界面的色彩统一，在统一中求变化，在变化中求协调，这就是统一与变化设计法则的最好诠释。在室内设计中，界面的色彩、质感往往成为家具的背景，可采用调和、对比的手法来处理，或和谐统一、幽雅宁静，或活跃而有生气。家具的色彩就正好使空间色彩变得多样，既是对空间色彩的点缀，也是对整体色调的补充。例如空间色彩在设计时不宜过多，当空间色彩比较简单的时候，家具色彩就可以相对较为亮丽，起到界面的点缀作用，而如果空间界面的色彩已经很丰富时，家具色彩就可以简约一点，起到缓和作用。此外为了保持空间色彩效果和谐性，家具色彩应与空间色彩在色相、明度、纯度上要搭配一致。总之,家具的色彩与质地的设计必须与室内环境及其使用功能来整体考虑。

图 7-7

5. **陶冶情操，营造空间氛围**　家具在室内空间中所占的比例较大，体量比较突出，因此家具就成为体现室内空间氛围的重要角色（图 7-8）。家具是一种实用性的艺术品，

图 7-8

它和人们的生活息息相关，潜移默化地影响着人们的审美情趣和美学意识，是人们审美情趣的物化。有时候家具或许是主人的挚爱和收藏，它是使用者品位的表现，因为一个家具而衍生了整个室内的风格。此外，家具的功能、材质也为家居环境带来了较好的空间氛围，是美学和艺术的结合，正确选择家具，创造出空间的情调和氛围（图7-9）。

图7-9

第二节 家具布置原则与方法

一、家具布置原则

在家具的选择与布置上，不仅要考虑其功能性和实用性，同时还要与整体的装饰风格相互协调。应遵守以下三大原则：

1. **整体性原则** 家具是空间的有机组成，和空间组成较为完整的环境整体系统，家具在空间中不是独立的存在，而是受到周围环境的制约和影响，同时又对其赖以存在的环境产生影响。一件家具的美与丑并不是一个固定的标准，而是这个家具如何在空间中能体现出和谐统一的效果，如果一件很美的家具放在空间中破坏了空间的整体效果，其实也就失去了它本来的美的意义，成为一个败笔，所以对于家具的造型与款式来说，家具的造型语言与细节特点都必须与整体的空间风格相统一。例如一个曲线感强烈、装饰细腻丰富的法式风格的家具放入简约现代的风格中，即使它再高贵，它也是空间中的失败之处。而选择与布置家具，必须着眼于居室整体环境的需要，把家具当作整体环境的一个有机组成部分。处理得当，一件普通平常的家具也能与其环境显示出和谐统一的美感，处理不当，一件美观的家具放到特定的环境后，不仅会破坏整个居室环境，也使其自身失去了光彩。

此外，尺度和数量也是家具与空间整体协调的比例关系，如果一个空间比较局促，它就无法承载欧式风格的大尺度家具。相反，如果是一个大尺度的客厅设计了小尺寸的折叠家具，或许就真的显得小气了。所以不管是家具的尺度还是数量的设置，都要根据室内整体比例来把控，不要盲目去追求数量上的多少或家具尺度上的大、贵、精，还是要从空间总体特点来考虑整体性的设计原则。

2. **实用性原则** 家具造型与色彩的美观必须以其功能的实用为前提。若失去了功能，再漂亮的家具也是毫无意义的，所谓家具的实用功能，就是要满足空间的特点，尽可能地利用好空间，达到空间的合理利用，如果一个空间面积比较小，为了满足生活中的各种空间需求，我们尽量采用折叠家具、组合家具、多功能家具，使家具在空间中可以担任多种不同的功能需求，例如在房间中设置一个榻榻米，既能满足睡眠所需“床”的功能，也能在朋友来家时，变成一个茶室，为大家提供娱乐需求，同时榻榻米的下部有大量的贮藏空间，这就让它产生了多层次的实用功能（图7-10）。

3. **合理性原则** 在室内空间中，家具的空间布局必须合理有效，在室内布置家具时，需要对居住者的特点与行为模式进行分析后再进行设置，空间流线是否清晰、是否

图 7-10

有迂回曲折，家具与家具之间的空间距离是否合理，是否会挡住空气流通和光线都是要具体考虑的问题。例如家中有腿脚不方便的老人，就不要将家具设置得过满，而是要留出较大的尺度为其行走带来便利，同时空间的行走道路也要便利快捷，不能迂回曲折影响其使用。如果家中有年幼的儿童，家具的选择就要考虑材质的安全性，并且在选择时要考虑不容易磕碰的曲线造型。这些细节的考虑都会使得家具为使用者带来舒适的生活感受，总体来说，家具是为人服务的，而非人为家具服务。

二、家具布置方法

空间大小已由外部建筑环境决定，并不是每个界面都可以根据居住空间内的设计随意更改，因此制约了家具的选择。设计应充分考虑空间大小来选择及布置家具。在一个较小的空间，家具尺寸不宜过大，否则会使原本不大的空间显得更沉闷、压抑。家具的布置可采用悬吊式，如厨房的吊柜；嵌入式，如衣柜。尽量减少家具密度，以提供人们更大、更方便的活动空间。

1. **家具布置的比例尺度要与整体室内环境协调统一**　选择家具时要根据空间大小

图 7-11

来进行考量，参照空间中的门窗高度、窗台线、墙裙等尺寸，在面积较大的空间选择小体量的家具，显得小气而空旷，而在小空间中使用大体量的家具显得空间拥挤和闭塞。尺度的合理把握会使空间产生和谐统一的效果。

2. **家具布置的风格要与室内设计的风格相匹配** 风格是整个空间的灵魂，确定好空间风格之后，空间的界面设计与家具都要依据风格来选择（图 7-11），家具是空间中占比最大的载体，也会对空间风格起到决定性的作用。有的客户对自己的空间风格不够明确，在空间设计的时候选择了现代简约风格，但是在后期的家具选择中一会儿觉得新中式的小柜子很有意境，一会儿觉得欧式的沙发非常的舒适，最后放在了一块就产生了混乱的风格感。此外，在材料的选择上也会有家具风格与室内空间风格不匹配的现象出现，例如家居设计中主要是以曲线为主的柔和的空间氛围营造，但在家具的选择上却选择了直线条木纹质感的柜子，这使得空间风格刚柔并进，对抗性油然而生。

3. **功能的弥补和完善** 室内空间首先明确主次，对主要使用空间进行重点对待和设计，对次要空间或者辅助空间也要按照室内风格统一划分和设计，利用家具来协调和优化空间布局。尤其是现代居住空间中，经常利用展柜、博古架、书柜、矮柜来完善和弥补空间的不足，或者利用具有设计感的灯具、饰品、几案等家具装点空间。

第三节　家具布置案例分析

一、老年人住宅居住空间

1. **家具的功能要满足空间基本需求**　在老年住宅空间中根据不同的功能需求，要放置不同的家具（图7-12）。所以，家具布置的首要原则就是满足各空间的基本需求，如卧室要满足休息和储藏的需求，就要设置床和卧室柜；卫浴间有如厕、洗漱和洗浴等需求，要设置坐便器、洗面池和淋浴喷头等，在此基础上，才能考虑其他生理和心理的需求。

图7-12

2. **保证动线的便捷性和完整性**　老人身体衰老后行动会不方便，平衡力也会变差，应避免老人因重复行走而导致过度劳累。家具布置应充分考虑各空间的功能需求，及其相互联系，保证家具的布置方式能使老人的行走动线最便捷，而且能完整地进行操作活动，不会受到其他干扰或者伤害。如在厨房中冰箱、洗涤池和灶台间的布置尽量不要被门所打断，避免老人被进出的人或开关的门碰伤。

3. **确保使用过程的安全性**　由于老人机体的变化，各种能力开始减弱，所以，家具布置不宜产生障碍，如在过道摆放大件家具，使老人需要绕道行走，在夜间可能会因看不清楚家具而被碰伤。老人的反应能力下降，座椅设置在门后，老人不能在开关门的时候及时做出反应，使开启的门会碰伤座椅上的老人。合适的家具摆放应使老人在操作或使用的过程中发生危险的概率降低。

4．**家具摆放应具有灵活性**　根据季节的更替或自身健康状态的改变，老人需要不同的家具布置方式来满足不同的需求，不可一概而论地认为老人只需要固定不变的家具布置方式，要根据不同的空间及老人的具体情况来设定不同的形式。如具有自理能力的老人可以不需要过宽的通行空间，但是轮椅老人就需要足够的通行和回旋空间，所以在各个空间中，家具应根据具体需要留出相应的位置。

5．**保持视线和光线的通透性**　青年人有时会用一些活动家具分隔起居室和玄关，遮挡视线，起到保护隐私的作用。但是对于老人来说，他们更喜欢开敞的空间，视线的通透既能让老人获得心理上的安全感，也能增加老人和家人相互交流的机会，而且通透的光线也能使空间更加舒适。

6．**争取活动空间的最大化**　在满足合理的功能需求的前提下，实现活动空间的最大化，要充分考虑老人的基本需求和老年人体工学，让家具布置更加紧凑，避免老人被拥挤的家具磕伤、碰伤，而且也可以满足老人的空间需求。如起居室中沙发、座椅和茶几等应摆放得紧凑，既可以减少老人行走的距离，又能满足老人养花、养鸟等多层次需求。

7．**保证开关、插座和暖气片的可用性**　开关、插座和暖气片的位置在做建筑时已经预留，由于位置不易被改变，所以，在进行老人住宅室内家具布置时，应充分考虑这些受限因素，保证开关、插座和暖气片能正常地使用。

8．**普遍适用性设计的指导思想**　普遍适用性的设计是由美国提出的，是在无障碍的基础上发展而来的，将广义的产品设计尽可能使不同使用者在不同的外界条件下能够安全舒适地使用的一种设计。

二、青年公寓居住空间

家具在公寓中的布置主要考虑四个方面（图7-13），第一，实用功能。家具应具有相应的收纳、储藏、坐、卧等实用功能。第二，色彩。家具色彩在青年群体居住的小户型具有重要作用，它的冷暖色调的变化直接影响住户心情。第三，造型。家具造型要符合整个公寓空间定位需求，以及考虑对舒适度的影响。第四，考虑使用者特点和喜好。一般使用青年公寓居住空间的都是以年轻人为主，年轻人喜好活力、自由和动感，在风格和家具选择上更加关注个性化，在色彩和材质选择上较有特点。

1．**实用功能**　家具是功能的载体，可以对有限空间进行有效的分隔。青年公寓面积一般较小，在满足室内采光和通风的基本要求下，功能显得尤为重要，合理选择家具

图 7-13

的尺度、样式和位置都是非常重要的（图7-14）。同时，家具有划分空间和拓展空间面积的能力，在客厅与卧室区域中间不设置墙体，而是设计隔断柜，既满足储藏空间，又很好地分隔了两个空间区域，达到动静分离。床的选择上也可以使用沙发床的可折叠性特点，或者是选择可以将床折叠进柜子中的收纳功能，都能很好地解决空间的面积问题，达到宽敞舒适的要求。

图 7-14

2. **色彩**　在面对青年居住者时，色彩是最能体现其群体个性特点的一个方式，在居住空间中考虑轻松、个性的色彩会使得空间充满朝气，例如在某一个柜体的面板上选择红色来调和空间色彩（图7-15），打破单一或沉闷的效果，既有喜庆的效果，又能彰显年轻的活力；黑白色的柜体也体现青年稳重、简约的个性。所以在家具的选择上色调的搭配会让空间设计事半功倍。

3. **造型**　家具造型对整个空间具有重要作用，青年在家具造型中以简约时尚为主，求新、求异、求奇是他们的心理追求，例如异形的餐桌、仿生造型的凳子、曲线的隔断都能较好地展现他们的特点和个性需求，也能点缀空间，起到很好的空间渲染效果（图7-16）。

图 7-15

图 7-16

4. **总结** 青年群体小户型的家具布置应用，需要考虑到用户群体生理、心理因素和家具功能表现形式，并且与居住环境空间的适应性相关。青年群体应该多运用一些多功能性的家具，以使小户型环境变得更加舒适、敞亮、美观。分析得出在运用家具布置青年群体小户型居室时，只有考虑到用户特点、家具功能表现形式及实用功能、色彩、造型的适应性原则设计，才能增强青年人家居空间的舒适感和审美感，并提高生活质量。

思考题

1. 居住空间家具材料分类有哪些？
2. 居住空间家具布置原则与方法有哪些？
3. 简述居住空间家具设计。

第八章　居住空间软装设计

第一节　居住空间软装设计基础知识

一、软装分类

软装通常是指室内装潢中能够挪动的、便于变换的饰物，像窗帘、沙发、工艺品、饰品、家具等。软装设计是居住空间环境设计的关键构成成分，它是针对建筑的硬结构空间进行设计的，它是在硬装结束之后，对空间的再一次摆放和安置，是建筑视觉效应的拓展（图8-1）。如果没有软装设计，室内设计就仅剩一副空骨架，室内设计与软装设计就像骨与肉一样相辅相成，不可分割。软装饰当作能够挪动的装修，不但能够补充硬装的缺陷之处，还进一步展现主人生活的质量。

软装饰主要包含织物、家具、光照设施等方面。织物主要有窗帘、床单、地毯、沙发罩面等。织物具有使用和装饰双重价值，它不仅可以遮光吸声、分隔空间、柔和空间，还可以烘托室内气氛，点缀室内环境，增强室内空间的艺术感染力。例如织物的质感、色彩、图案、纹理等因素不仅可以使人感到舒适、惬意，使环境充满浪漫情调、艺术氛围及装饰韵味，还能够展现居室主人的文化深度、艺术水平和生活嗜好。

图8-1

对家具的造型、风格、尺度、摆放等要素的选择，影响到一个家居空间的品位、格调及档次。因此大到沙发、茶几、箱柜，小到衣架的选择、搭配都要与家居整体的设计风格保持协调和统一。光照设施也已不是单一的照明用具，而是美化室内环境、营造室内氛围的重要手段，其多样化的造型会给室内环境增色不少。运用光影的功效，不但构建一面墙的磅礴气势，还能创造温馨浪漫，经由点光源生成虚幻的视觉现象，再运用它对死角暗角进行相应的处理。对重点装饰的地方，更要用光将其烘托出来，形成光彩夺目的视觉形象，从而使其别有韵味。对光照设施的运用，同样也要考虑光、形、色、质等要素同室内环境的协调统一。

软装是在室内硬装的基础上提出的室内空间设计，是在室内硬装基础上对室内空间氛围营建和视觉美提升的一种设计手法，主要目的是改变室内空间环境，丰富空间层次，强化软装色彩、家具、饰品等小品对空间的点缀，起到锦上添花、画龙点睛的效果。由于软装设计也是一门专业学科，不是简单的色彩设计、家具搭配与组合就能形成一个优秀的软装空间，它是集艺术与工程、设计与美学、材质与预算、灯光与色彩等元素的结合体，要求软装设计师对室内风格、业主爱好和品味、习俗和审美都有一个总体把握，结合场地从界面构成、色彩、布艺、家具、饰品、绿植、材质、灯光等方面进行合理组合和搭配，使每个元素都是室内空间环境有机组成部分（图8-2）。

图8-2

二、软装在居住空间的作用

软装可以根据空间大小、场地条件、主人的兴趣爱好等方面进行整体的、综合性的、宏观的设计构思与方案策划，从而达到业主对空间功能满足与品位环境的需求。相对于硬装修，软装可以随时进行更换和改变不同的元素。软装饰对居住空间设计有以下具体作用。

1. **可以丰富空间的层次感** 我们从开始就在说空间，由墙面、地面、顶面组成的一个封闭的空间称之为空间。空间通常情况下不宜去改变其形状，这是一个费力且昂贵的工程量。但如果我们利用软装修的办法，在空间上进行改造，比如利用屏风或矮柜等将整体结构分割成多个小空间，这样可以避免空间过大给人的空旷感，还可以提升空间的层次感，并且实用性也随之提升（图8-3）。

2. **提升空间整体的风格和文化内涵** 室内设计展现的是人类文化的发展，软装饰艺术恰恰能反映出人们从愚昧走向文明的每一步，从茹毛饮血到现代的生活风格，在漫长的历史长河中，不同时期的文化艺术都有自己不同的内容和艺术特征。比如古典风

图8-3

格，通常都会有相对华丽的装饰，浓墨重彩的效果，复杂并且高档的家具和工艺品，尤其在西方中古时期至现在，古典风格依旧有着广阔的市场需求。在中国，通常会引入欧洲较为明显的古典风格，在家具的选择上，欧式风格家具已经成为高档消费的代名词（图8-4）。

3. **柔化空间的整体环境色彩** 随着科技与建筑行业的不断发展，现代建筑已然以钢筋混凝土和玻璃幕墙为代名词了。由于现代建筑都是火柴盒式的高楼建筑，又都是以钢筋混凝土、玻璃、钢柱为主，时间长了，人们生活在这样的空间会有一种冰冷、枯燥、乏味的感受，而现代社会人们更愿意追求自然、环保、健康，实现人与环境的共生发展。因此，城市里面的职业者希望通过软装将室内设计成温馨、自然、舒适的休闲空间，因为家是个港湾。现在的人们越来越注意以人为本，要实现人与自然的完美融合。软装饰即可以发挥构建空间和调节气氛的功效，也可以放置绿被植物来改善室内环境，还能起到软化空间的作用（图8-5）。所以说软装是室内设计的灵魂，软装可以提升室内整体的空间感、舒适度以及环境气氛，最重要的可以提高使用效率，对人的身心都有很大的影响。

图8-4

图 8-5

第二节　居住空间软装设计原则

一、软装设计原则与魅力

软装设计通过软装设计师的巧妙设计与创意，把一些凌乱、繁杂、琐碎、陈旧的家具、饰品等，通过整合、打磨、修理、抛光等方式对老家具进行重新设计和再利用，使之焕发出新生命。同时通过新家具、布艺、绿植等进行组合与搭配，使室内空间达到文化性、审美性、意境性和传承性，满足人们多元、开放、时尚、健康等需求。

1．软装设计的原则

（1）风格统一、软装协调。在室内空间设计中，最开始就要有一个主题概念，就是确定室内设计风格，只有把风格确定了，室内空间设计才不会跑题，而软装设计师是在室内风格基础上对空间氛围、层次感、审美、色彩等方面进行合理搭配和设计（图8-6），软装是对室内风格的一次修正和改良，对室内空间设计风格的协调。

图8-6

（2）软装规划、明确主次。居住空间设计之初，软装规划其实与硬装设计是同步的，而不是分开、割裂的，如果没有前期的软装规划，后期的软装实施和效果是呈现不出来的，尤其是前期的照明、设备等安装一定要和软装设计师后期的规划一致，否则后期软装效果不好，要再返工，重新安装或改动就会很麻烦，这就是软装规划的重要性和前瞻性。软装设计也要明确主次，按照主体重点对待，次要的点缀处理（图8-7）。

（3）合适的比例。软装搭配最要注意的就是对室内空间界面、家具、色彩、布艺等比例的控制，这样才会给人一种统一内涵和经典感觉，否则就是乱糟糟、杂乱的。一般来讲有黄金比例、二八比例、三七比例等，这些比例尺度让人们视觉感受舒服，尤其黄

图 8-7

金比例堪称经典比例。其他的各种比例其实均可以实现室内空间视觉美，这既具大众性也最困难（图 8-8）。

图 8-8

（4）稳定与轻巧。稳定与轻巧是艺术形式美法则的一种，稳定是整体，要求室内空间整体布置给人稳重、舒适，而轻巧是局部，在室内空间中一些局部的点可以布置的明快、轻巧，具有趣味性和视觉表现力。色彩最能体现稳定与轻巧这一形式美法则，这就要求软装设计师要整体把握，根据实际需求进行空间的稳定与轻巧设计（图8-9）。

图8-9

（5）对比与调和。一切的艺术都是对比的艺术，正因为不同才造就了千变万化的美丽世界。在居住空间设计中，对比与调和运用的较多，对比即通过色彩、材料、质感、光影、面积、形式等进行对比设计，如色彩设计上，就会运用到色彩的冷暖、明度、纯度等对比设计，达到色彩前进与后退、轻与重、明快与稳重、激烈与冰冷的对比。调和则是将对比双方进行缓和、调和的处理，使强烈对比进而减缓、削弱，从而达到调和的效果（图8-10）。

（6）节奏与韵律。居住空间设计的节奏与韵律是形成空间视觉美感的重要因素，在设计中，将点线面、色彩、材料、灯光等元素进行有规律地排列，形成节奏与韵律。如墙面的装饰，利用条形的木材按照疏密、长短、粗细等排列，使之达到一定的节奏和韵律（图8-11）。

图 8-10

图 8-11

（7）明确视觉中心。在居室空间设计中，每个空间都有一个视觉中心，这样才能营造出主次分明的空间层次和艺术美感。一般来讲居住空间的视觉中心都在客厅，客厅汇集了聚会、接待、交流、会客等功能，客厅就是居住空间的最重要的功能空间，而客厅的电视机背景墙也就成为客厅的视觉中心，这就需要对客厅背景墙的材质、灯光、色彩及形式美感进行设计，形成视觉中心（图8-12）。

图8-12

（8）统一与变化。统一与变化是形式美法则最高法则，所有的软装设计与搭配最后的要求既要有一定的变化、对比，使空间环境、层次感、立体感、视觉感有一定的变化，但最终还是会做到统一，因为只有视觉和心理感受到和谐统一，室内环境才会给人安定、安全和舒适感（图8-13）。

2. **软装设计的魅力** 软装应用于室内设计中，不仅可以给居住者视觉上的美好享受，也可以让人感到温馨、舒适，具有自身独特的魅力。

（1）表现室内环境风格。室内设计风格和流派目前大致包含以下几种形式：欧式风格、中式风格、新中式风格、田园风格、新古典风格、现代风格、后现代风格等，一个空间的风格塑造和形成是要一定的元素、形式和定式，如新中式风格，在中国传统室内设计基础上加强了现代时尚的处理，界面设计以白色与木材为主，家具以现代新中式的简约、时尚家具作为陈设，而不是传统的古典家具，布艺、绘画、图案、质感都和现代设计相关，以现代设计与艺术的手法对传统中式的纹样和图案进行创作，从而实现新中式的现代简约的图案和造型，达到软装设计的魅力（图8-14）。

图 8-13

图 8-14

（2）营造居住空间环境氛围。居住空间软装设计的目的就是加强空间环境氛围，在平淡、朴素的硬装空间中增加色彩、材质、灯光和饰品的组合和搭配，从而实现增加空间的层次感、立体感和视觉美感。不同的软装设计造就不同的居住空间氛围。如温馨高雅的居住空间，从立面构图、选材、色彩、家具造型与质感等方面都要与主题风格相符（图8-15）。

图8-15

（3）调节室内环境气氛。现代社会人们越来越意识到软装的重要性，人们也注重软装对居住空间氛围的影响，居住空间中大型家具对空间具有一定影响和视觉感受，如卧室的床与衣柜，不同的形状和造型对卧室空间气氛的营造就不一样，如圆形、心形的床就会给人浪漫的感受，而普通的长方形床就是一个睡觉的地方。同样雕花镂空、布幔、帷帐、薄纱等布艺陈设在架子床上，配合柔和、温馨的灯光会让卧室更具浪漫性和私密性，而普通的床垫、床单只会让人毫无兴趣，倒头大睡（图8-16）。

（4）花小钱实现装饰效果。当代社会人们对硬装的要求是能满足人们居家、生活、学习、锻炼等功能即可，但对软装的要求从未停止过，尤其是家庭女主人每隔一段时间就会更换一定的家具、色彩、布艺、陈设品等来改变居住空间的氛围，调节家庭气氛，实现不同居住空间感受和享受。有些女主人自己动手，通过网上、杂志上的相关软装搭配图片进行搭配和组合，花费较少的钱实现时尚、美丽的装饰效果（图8-17）。

图 8-16

图 8-17

（5）跟随时代变换装饰风格。软装设计不是一成不变的，而是随着时代潮流和风格进行改变，随心所欲地改变居家风格，随时拥有一个全新风格的家（图8-18）。如春天的时候可以把一些绿植和花卉摆放到居住空间里，增添室内的绿色和生机，夏天可以更换轻薄、半透明的材质和明快色彩，让人们感受到一丝凉意。人们通过对家具、布艺、色彩、饰品、绿植等进行随心的改变和搭配就能创造出符合自己审美和品位的装饰风格。

图8-18

二、软装对风格形成的作用

随着社会和装饰行业的不断进步，人们对于居住环境不再只是要求功能齐全、居住舒适，对于室内设计的美感要求也越来越高。通过软装饰的衬托，将室内设计的整体艺术性展现出来，让人们不仅居住舒适而且能够有感官上的享受。如今，室内设计的艺术性要求越来越高，需要硬装饰和软装饰的高度契合。软装饰的选取，应该与室内装饰整体的设计目标相结合，在提升室内装饰整体水平的同时，还提升了装饰的品位（图8-19）。为人们呈现出的不再是简单的室内装饰，而是一件完美的艺术品。人们对于室内装饰的要求不再是过去那种单调的设计要求，对于多元化的设计风格、多种的软装饰风格要求多种多样，人们更加注重享受生活，所以对于软装饰和室内设计相融合的要求很高。

图8-19

思考题

1. 软装设计在居住空间中的作用有哪些？
2. 居住空间软装设计的原则有哪些？

第九章　优秀住宅空间设计案例

第一节　流水别墅

一、流水别墅的相关介绍

流水别墅是世界著名的建筑之一，它位于美国宾夕法尼亚州费耶特县米尔润市郊区的熊溪河畔，整个建筑与环境融为一体，也是“有机建筑”的典型代表之作（图9-1）。流水别墅由美国著名建筑大师弗兰克·劳埃德·赖特设计。赖特从早期的草原住宅开始探索新的建筑形式，在日本进行较长时间的考察和学习，尤其是当他在日本设计了东京帝国饭店之后，他受日本的浮世绘绘画艺术启发，据相关资料研究，赖特早年收集了很多浮世绘的作品，并对浮世绘作品和日本园林进行大量研究，日本美学的首要原则就是对不重要的因素进行严格的清除，进而达到对真实的强调。即从自然环境和情感出发思考人与艺术、人与环境的关系。同时在日本考察期间，他看到了老子的《道德经》一文，感觉自己和2000年前中国的哲人老子在对环境方面的认识太相像了，赖特也想建造一个临近瀑布的建筑，使之达到人与自然的和谐共处，正因为赖特一直在思考如何实现建筑与环境的和谐，后面的老考夫曼夫妇找到他，他们才会一拍即合，造就了千古名作。

图9-1

二、流水别墅的解读

赖特的精神气质和建筑思想充满了古典气息，而且深受东方哲学与艺术传统的影响。赖特认为想要获得一种鲜活的建筑活力，那就必须重新遵循首要的原则，超越文艺复兴、重返现实、回归真实。从早期的美国风住宅理念开始，赖特的草原房屋也得到较好的改变与调整，在计划上将更为开放、更融入了户外环境等因素，符合新一代人享受生活、亲近自然的需求。美国风住宅诠释了国际风格，它是赖特发展发散式思维的一个必要组成部分。他一直把建筑想象成一棵植物，认为“建筑是地面上一个基本的和谐的要素，从属于自然环境，从地里长出来，迎着太阳”。他认为这个别墅是“在山溪旁的一个峭壁的延伸，生存空间靠着几层平台而凌空在溪水之上——一位珍爱着这个地方的人就在这平台上，他沉浸于瀑布的响声，享受着生活的乐趣。”流水别墅的最初设计想法来源于赖特在日本游历期间对浮世绘绘画的热爱，尤其是受到了日本绘画家葛饰北斋山水绘画的影响（图9-2）。

日本葛饰北斋的《小墅瀑布》

图9-2

别墅共三层，面积约380m^2，以二层（主入口层）的起居室为中心，其余房间向左右铺展开来。两层巨大的平台高低错落，一层平台向左右延伸，二层平台向前方挑出，几片高耸的片石墙交错着插在平台之间，很有力度。溪水由平台下怡然流出，建筑与溪水、山石、树木自然地结合在一起，像是由地下生长出来似的。整个流水别墅的亮点在于矛盾对立突显动感：横向延伸，纵向紧致。栏墙色白亮，石墙暗沉，在水平和垂直的对比上又添上了颜色和质感的对比，再加上光影变化，显得建筑是动态的。流动的溪水及瀑布是建筑的一部分，永不停息。没有其他任何一个建筑像流水别墅这样，见证自然的音容从别墅的每一个角落渗透进来，而别墅又好像是从溪流之上滋生出来的，这一戏剧化的奇妙构想是赖特的浪漫主义宣言。流水别墅建成之后即名扬四海。

流水别墅的成功大致有以下几个因素：

（1）天人合一（图9-3）。天时：新兴的美国需要一个时代坐标，代表美国本土文

图 9-3

化和力量，美国政府需要重塑美国形象，这就需要一个新的精神载体引领美国民众，即由美国本土的建筑师引领世界建筑，赖特和他的流水别墅恰到好处地迎合了美国经济和政治的需求。地利：匹茨堡的良好地理条件，它坐落在栗树山和月桂山之间的鞍形地带上，从地理学角度处于较好的位置，考夫曼家族在这里经营生意。人和：当时的匹茨堡住了大量的不同领域的大咖，赖特与老考规曼惺惺相惜。

（2）建筑与环境融为一体。这是赖特的有机建筑的直接体现。

（3）地域文化在建筑的体现和反映。美国土著和相关文化在流水别墅中得到应用和升华。

（4）现代主义风格也在这里得到完美的诠释，整个建筑就像一个雕塑那样，魅力动人。

（5）现代宣传与传播的力量。经过大量宣传和传播，不断在媒体和展览上主推流水别墅，造就其名气和声望。

1. **从形式到内容解读流水别墅** 一是它表现了美国人对自然的精神，从爱默生到惠特曼，这种自然、朴素、热情是美国人的传统，也是赖特有机主义建筑理论的直接体现。二是流水别墅采用了很多美国本土元素进行设计，如它的台阶是印第安人第六会堂的隐喻，细窄条窗是西南部地区美洲土著的化身，这些图腾、隐喻的关联，让这座别墅建筑获得了深厚的本土传统，从美国走向世界。

首先是建筑与地形、地段的结合。赖特的设计，确保人们从桥上、从河床上、从下游没有树木的空旷地带看见的景象都经过他的特意设计，可以营造结合自然造化与工程技术的最强烈的戏剧性效果。他清楚地知道让别墅处在哪个位置是最好的景观，同时也是最好的观景台，从外到内、从里到外，恰到好处地矗立在瀑布的岩石上，等待春夏秋冬四季变更和东西南北游客的观看。

其次，别墅是“悬崖的延伸”，是自然的生长物。就像他在塔里埃森的设计那样，使塔里埃森这座建筑达到与周边环境相融合，相互映衬、互为关系，达到人居环境中诗意地栖居。流水别墅理应是赖特有机理论的心理对应物。而为了达到“悬崖的延伸”就必须采用钢筋混凝土和悬挂结构等技术与构造，当技术与艺术达不到某种平衡时，赖特义无反顾地选择了艺术，宁可牺牲技术及后面的工程隐患。他太明白时下人们的需求和审美了。伟大的作品都是克服了多重的困难和无比的艰辛才一步一步走向辉煌的顶端。

最后，创建错落有致、叠落简洁的外观形式美（图9-4）。赖特借鉴了密斯的现代建筑理念和设计手法，参考了密斯设计的巴塞罗那德国会馆的自由、灵活的平面布置，同时他敏锐地捕捉到了建筑要与他处的地域环境相一致。一方面赖特吸取了现代主义的轻快、通透、简约、纯粹等要素，另一方面他摄取了东方自然主义的思想。他把两者进行有机地结合，把相关要素和美国本土元素通过他前期的草原风格实践自然地转化成他的新东西。赖特把流水别墅纵向拉得很长，高度压缩，使建筑不是那样的突兀，达到某种平衡，这样使建筑往悬崖边上进行延伸，好像是从礁石上生长出来似的。流水别墅东西南北四个立面又是那样的凹凸别致，犹如美国土著少女身上的大摆裙的褶皱，随风而舞，洋溢着青春与活力，而建筑立面的台阶和细窄条窗等构筑物就是大摆裙上的装饰，一看就知道这是美国风格的裙子，这些高明的隐喻、象征见证了赖特的天才和流水别墅的经典。

图9-4

2. *从平立面到空间解读流水别墅*　流水别墅整个平面图动线组织合理、功能分布突出主次之分，尤其是外挑阳台和大露台以“虚”的空间对应室内卧室、客厅“实”的空间形成强烈的对比，在平面布置中形成了长方形与正方形的对比，由于外挑露台过深，宾客从远处看别墅就像架在瀑布上，将下部空间藏起来了。而流水从别墅旁边流过，一边聆听水声一边观看风景甚是惬意（图9-5、图9-6）。同时一楼平面总图，走过小桥后进入到别墅的大门，大门开设比较低矮，人们进去之后先会产生一定的压抑和难

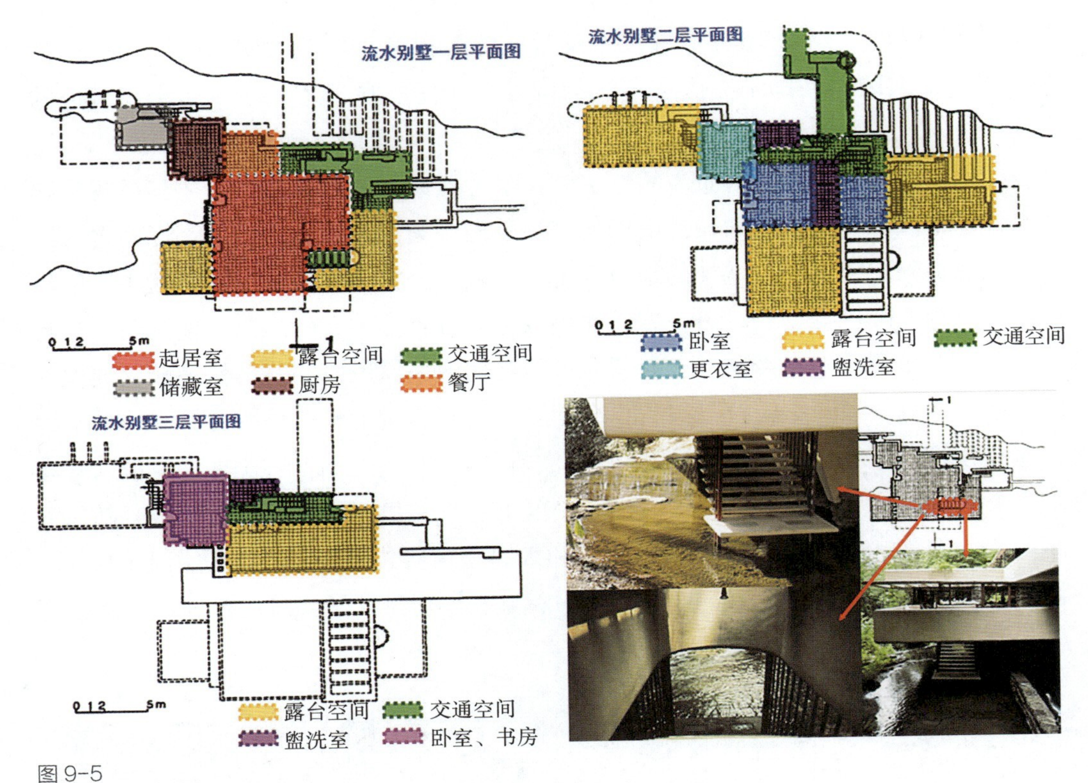
流水别墅一层平面图
起居室
露台空间
交通空间
储藏室
厨房
餐厅
流水别墅二层平面图
卧室
露台空间
交通空间
更衣室
盥洗室
流水别墅三层平面图
露台空间
交通空间
盥洗室
卧室、书房

图 9-5

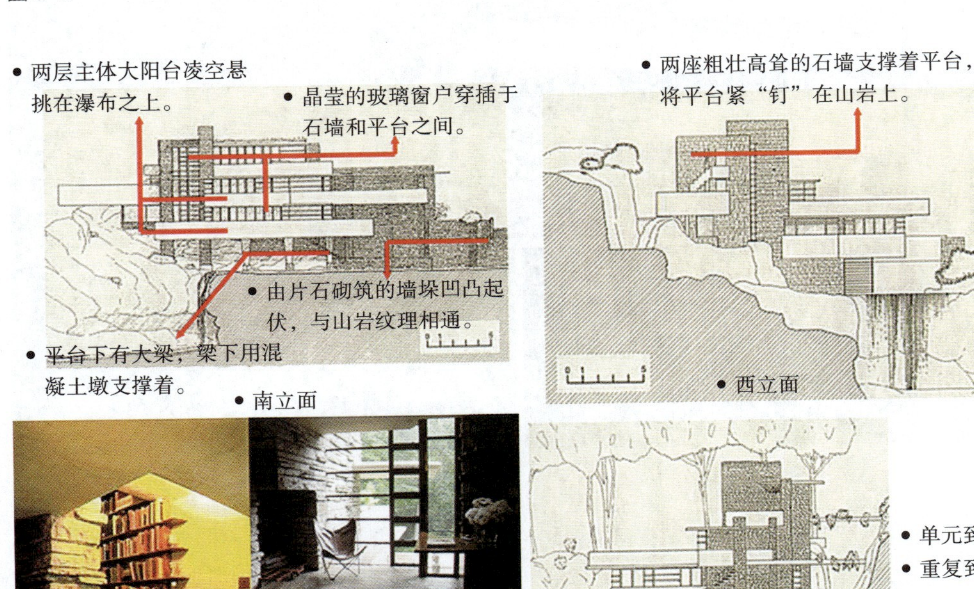
两层主体大阳台凌空悬挑在瀑布之上。
晶莹的玻璃窗户穿插于石墙和平台之间。
由片石砌筑的墙垛凹凸起伏，与山岩纹理相通。
平台下有大梁，梁下用混凝土墩支撑着。
南立面
两座粗壮高耸的石墙支撑着平台，将平台紧“钉”在山岩上。
西立面
单元到整体
重复到独特
加法和减法
体块组织
东立面

流水别墅立面分析

图 9-6

受的感觉，然后就到层高较高的餐厅、客厅，这样先抑后扬的室内空间设计让人们产生豁然开朗的感觉。室内通过楼梯动线串联地下、二楼、三楼，一楼以公共空间客厅、餐厅、厨房为主，二楼是老考夫曼卧室和书房、客厅，三楼是小考夫曼卧室、卫生间等空间。流水别墅立面吸取了现代风格的构成主义，按照一定的比例、虚实、形式等进行变化和设计，同时注重东、南、西三个方面的自然采光与室内灯光相结合。赖特为了达到平面、立面和室内空间的效果和理想，他就不得不从工程学上实现他的设计，而建筑结构师和工程师就曾对他提出相关不同的意见，以至在建造之初由于赖特的坚持大露台的使用和美学效果，导致前期建造时墙体倒塌、露台开裂等情况，随后结构师和工程师调整相关计算和布局，才有现在举世闻名的流水别墅。

3. **从美学上解读流水别墅**　美学的探讨必须构架在哲学的基础上，否则就会流于文艺形式上的形而上的夸夸其谈，只有对相关哲学和思想史论进行一定的研究、梳理、分析，才能慢慢理清美学的一些脉络。马克思主义的基本观点和中国传统文化理念都认为美是“自然的人化”，它分为外在和内在两个方面，外在的自然人化（形式，统一变化）是美的本质和根源；内在的自然人化（内容，文化心理与集体意识）是审美的本质和根源。美感既不是理性认识，也不是生物性的自然感觉，更不是欲望的变相满足，它是一种自然性与社会性相统一的满足，是一种新的感性。

流水别墅形式上的美除了和现代主义一样，简洁、纯粹，空间的灵动性和新材料的轻盈性，它更多的是像一个立体雕塑那样生长在瀑布的礁石上面，从春夏秋冬观赏它随四季变化的自然之美，从东南西北、上下左右观看它的不同维度的视觉之美。流水别墅精神上的美是它解码了人们爱好和平、爱好自然的秘密，或者从另一角度来说，它的魅力在于亲近自然，来源于自然，却又高于自然。它作为一个别墅建筑每年接待游客250万人次，那绝对是一个奇迹，它凭什么能吸引地球上各个国家的人民的游览？它正像格式塔心理学所认为的那样，流水别墅的美与人类心理有种生理上的同构关系，这种同构关系便是在不断历史发展中积淀出来的相同的审美意识：人是自然的一部分，同时也是超越自然的生灵。它能在每一个普通的人心里开出一朵自然之花，因为它的内在精神美打动了每一个人，这种美不受种族、肤色、语言及地域不同的影响，却又有之相关的变化（图9-7、图9-8）。

流水别墅是一个伟大的建筑。我认为，还没有什么东西能够同这种安静与和谐相媲美。在这里，森林、小溪、岩石和所有的结构要素都如此安静地结合在一起，尽管溪流的音乐还在响着，但你听不到任何的噪声。你倾听着流水别墅的声音，你就是在倾听着这个乡村的宁静与祥和。——赖特对学生们的讲话。

图 9-7

图 9-8

第二节　巴塞罗那德国会馆

一、巴塞罗那德国会馆的相关介绍

密斯·凡·德·罗，现代主义建筑大师之一，同时也是包豪斯第二任校长，在包豪斯学院一直推崇简洁、纯粹的设计美学。由于包豪斯学院提倡平等性、大众性教育，在希特勒政府上台后，迫于政治压迫和无奈，在德国纳粹统治下被迫关门，密斯·凡·德·罗和格罗皮乌斯等优秀人才远走美国，密斯·凡·德·罗来到芝加哥伊利诺伊理工学院，担任了第一任伊利诺伊理工学院建筑学院院长，在美国期间，他设计很多建筑作品，其中比较著名的有西格拉姆大赛、范斯沃斯住宅等建筑，他提出了“少就是多”的设计理念，从建筑功能、简洁立面、比例、图底关系等方面进一步论述“少就是多”的设计理念。而最具争议性的作品就是范斯沃斯住宅，它也让密斯成为“性冷淡主义”建筑鼻祖，范斯沃斯住宅的极简、抽象、没有烟火味的建筑，从住宅功能来看这显然是失败之作，因为它不是一个安定、温馨的家庭住宅，而是一个冷冰冰的展示品，女主人伊迪丝·范斯沃斯与密斯·凡·德·罗就这个建筑进行了长达几年的官司。但是这不影响密斯·凡·德·罗的名气，反而更显得密斯·凡·德·罗超越卓群的极简、“少就是多”的设计风格，美国乃至欧洲都有密斯·凡·德·罗庞大的粉丝，让他越走越远，成为20世纪全球最伟大的四个建筑大师之一。

密斯非常注重建筑的简洁和细节，除了“少就是多”的名言，他还把“细节就是上帝”这句口号经常挂在嘴边，提倡极致的立面和精细的细节，这得益于他天生对美的敏感性和早年从石匠父亲那里学习材料的研究，同时也与他喜欢抽象绘画有一定的关系，他很喜欢马克斯·贝克曼，瓦西里·康定斯基和保罗·克利的艺术作品。而密斯·范·德·罗的最典型的代表作品就是巴塞罗那国际博览会德国馆，该建筑于1929年建造成功，非常可惜的是，巴塞罗那博览会结束后该馆也随之拆除，从建成到拆除的时间不足半年，但它的影响力和密斯效应一直持续到当代（图9-9）。密斯认为，从英国水晶宫博览会开始后，博览会建筑就应该朝着新的方向，符合现代人审美和生活方式的建筑，而不是传统的欧式富丽堂皇的建筑，正如当时的现代绘画那样，艺术已由具象向抽象发展，满足工业革命后的社会大众和百姓需求，以简洁的立面、点线面造型、黑白灰色彩、技术与艺术等方式构建当代建筑。在密斯看来，空间、构造、模数和形态是建筑最本质的东西。这座展馆内部并未陈列很多展品，而是以一种建筑艺术的成就代表当时的德国，它是一座供人观赏的亭榭，本身就是展览品。德国馆占地面积为1250m^2，长约50m，宽约25m，整个建筑由一个主厅、两间附属用房、两片水池、几道围墙组成。除少量桌椅外，没有其他展品。它突破了传统砖石承重结构必然造成的封闭的、孤立的室内空间形式，采取一种开放的、连绵不断的空间划分方式，被后人追溯为室内空间的第二次革命。该馆对20世纪建筑艺术风格产生了广泛影响，也使密斯成为当时世界上最受注目的现代建筑师。

图9-9

二、巴塞罗那德国会馆的解读

1. ***流动空间控制*** 德国馆以无连续的先锋主义空间打破了六面体的概念，所有空间都无以名状，界限模糊，互相穿插与渗透，这种不确定的空间关系使人对空间产生了再运动和视觉上的全新体验，被称为流动空间，本质在于空间与空间相互关系的模糊性。整个空间平面组织和墙体构局被密斯纳入理性控制范围之内，但仍然存在抽象形式和理性布局的矛盾。德国会馆平面布局开启了流动空间的先河，创造了空间的多样性、通透性，使游客在每一个转折点都有很多个选择，每个人的空间体验均不同。德国会馆流动空间实现的前提是完整的梁柱框架体系，一是规则的钢框架，二是自由布置的隔墙。流动空间会使空间产生一种韵律感和动感，并且体现在空间的位序关系上，随着人的运动，空间连续展开，让人觉得与一种空间秩序发生关系又觉得起作用的是另外一种空间秩序，如通往建筑中心部分的外部通道与内部的分岔点，不同的选择意味着进入不同的空间秩序中（图9-10）。

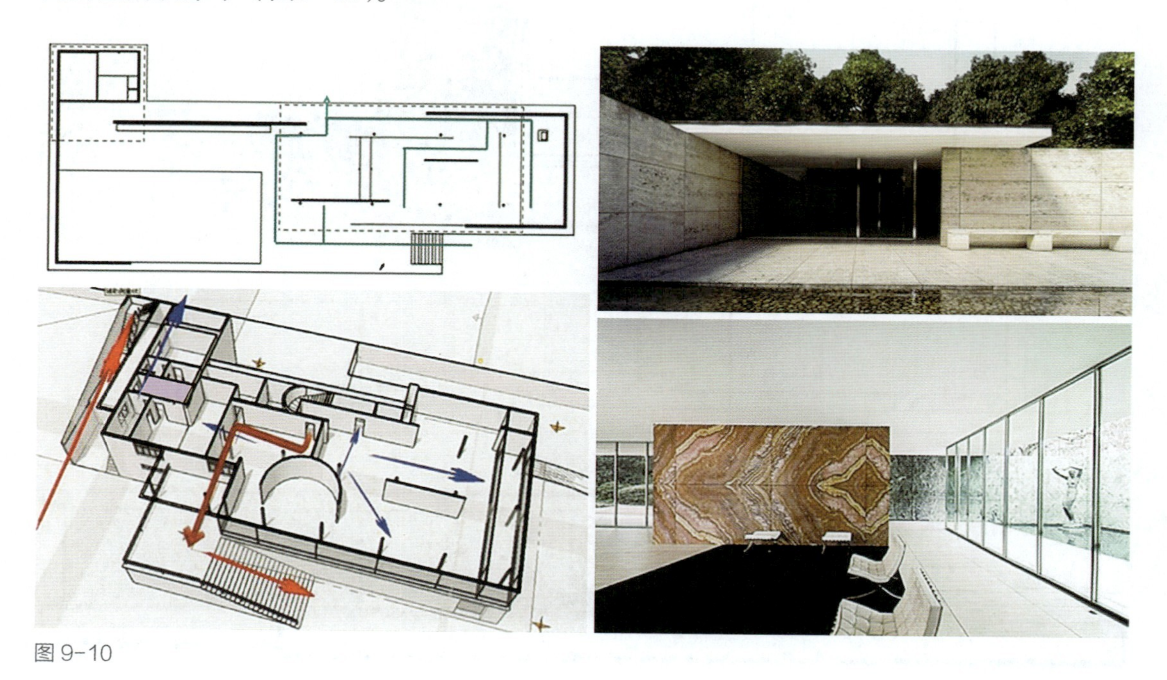

图9-10

2. **网格控制** 网格的介入限制了随意的形式化抽象元素的构建，德国会馆整体给人一种印象，即具有一个统一网格在控制着各个不同的元素，这种印象来自约为1.10m×1.10m的地面石材铺装，但是近来的研究表明对于一些不同的材料或是空间要素，密斯是使用不同的网格系统的。例如玛瑙石的尺寸约为2.35m×1.55m或是2.2m×1.1m；玻璃则有3.3m×1.1m，3.3m×3.3m以及3.3m×4.05m几种尺寸。另一个例子是浅水池前的石凳，无论是条石还是支座与地面石材或是垂直墙面均无关系。主厅用8根十字形断面的镀镍钢柱支撑一片钢筋混凝土的平屋顶，墙壁因不承重而可以一片片地自由布置，形成丰富的空间变化。会展主要从大理石铺贴的外墙网格点位，北入口旁边的玻璃外墙外侧定位，网格上的十字柱，玻璃界面从网格线向外扩充等网格控制，从而实现整个建筑的灵活性和通透性（图9-11）。德国馆在建筑形式处理上也突破了传统的砖石建筑以手工业方式精雕细刻和以装饰效果为主的手法，而主要靠钢铁、玻璃等新建筑材料表现其光洁平直的精确的美、新颖的美，以及材料本身的纹理和质感的美。

3. **比例控制** 巴塞罗那德国会馆的平面中，可以发现一些反复出现的具有整数比例的基本形状（图9-12），例如方形（即1∶1矩形），黄金分割比矩形（或是接近2∶3的矩形），1∶2矩形以及1∶3矩形。在水平平面（如水池，屋顶等）的定位上，很多都能用这些比例为整数的形状加以解释。相比之下垂直墙体的定位则相对复杂与自由。这一现象可能与设计方法有关，模型及透视草图的研究帮助确立了垂直墙体的关系，而它

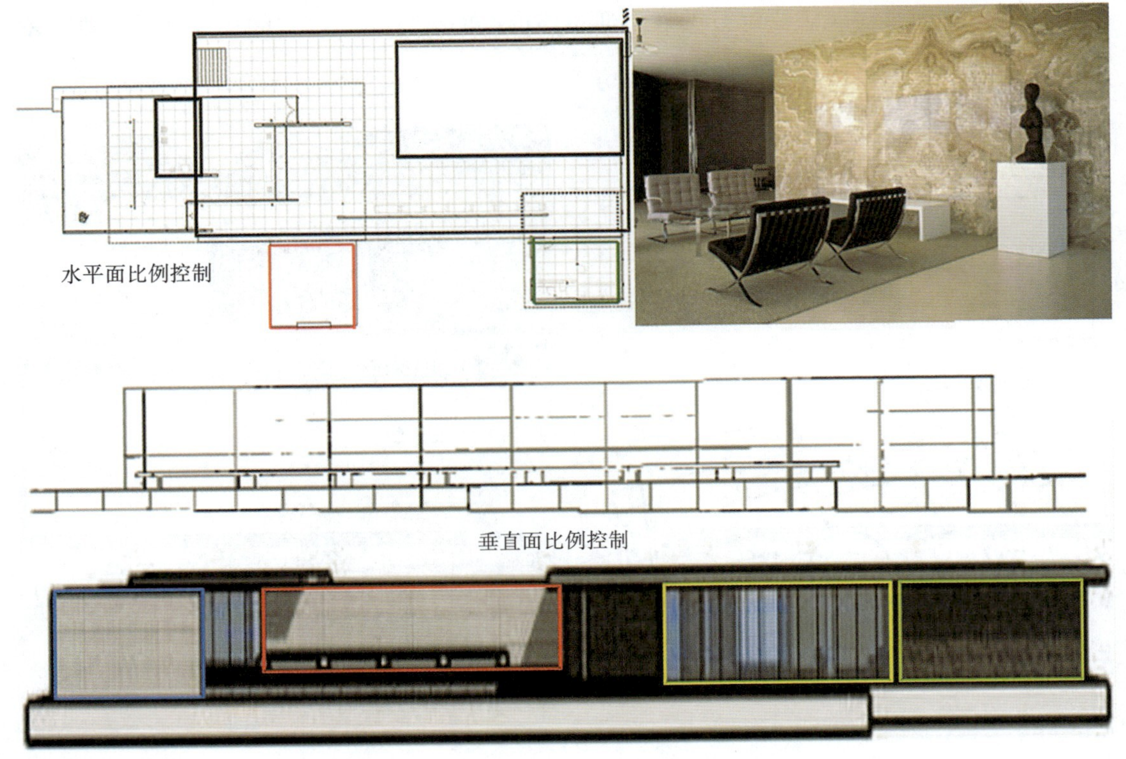
水平面比例控制
垂直面比例控制

图 9-11

52个网格
作为外墙存在，严格卡于网格线上
玻璃界面从网格线向外扩充
作为内墙偏离网格线，体现了极大的灵活度
小水池占11×4个网格
22个网格
大水池占20×9个网格
作为外墙存在严格卡于网格线上
玻璃界面从网格线向外扩充，内沿与之对齐，产生空间“内—外”的逻辑区分
石灰华大理石铺贴的“外墙”（偏于网格外侧的定位）
严格卡于网格线上的十字柱
北入口旁边的玻璃“外墙”（靠网格外侧定位）
玻璃界面从网格线向外扩充
退让十字柱的提那大理石墙体
退让十字柱的玻璃“内墙”

图 9-12

们对于推敲平面问题并不是直观有效的，因而古典的比例法则在决定平面尺寸时会起到有意无意的作用。在研究中可以发现垂直面的分割也运用了上述比例——主要玻璃墙面为1∶3（毛玻璃位置为1∶1），灰华岩、大理石墙面比例为1∶2，玛瑙石墙面比例接近2∶3。室内空间几片隔墙的设置使得空间看似被分割却又彼此联系，使来访者在长边与短边之间不断地交替，空间在反复折叠之间变得有趣味性，其具体大小形状也很难被感知，在矩形对角上还布置了趣味焦点，使人们不至于对未知的空间感到困倦。

密斯·范·德·罗在这里实现了他的技术与文化融合的理想。展馆的设计使得游客无法径直穿过展馆，从进入到走出的过程需要迂回走过整座建筑。在划分空间的同时，隔断或互相连接，或互相平行，组成了宽窄不一的空间，以达到引导客流的目的。德国馆不但表达了对空间的全新理解，也是一个展示自由艺术和建筑设计交融的平台（图9-13）。

图9-13

第三节　HOUSE N

一、HOUSE N 住宅的相关介绍

House N位于日本大分市的一个传统居民小区，它包含在一个单一单元里，这是一个关于隐私的概念演习，也是日本极简主义的当代变化。从外到内，这座住宅读起来像一个破碎的立方体（图9-14），中层是过渡空间，最里层是主人生活所需的室内功能区域，你可以看到街上的喧嚣，但也可以在必要时尊重隐私。

图 9-14

藤本壮介是日本新生代最有才华的建筑师之一。他在2000年创建了藤本壮介建筑师事务所，团队由15位建筑师、设计师、工艺师和研究员组成，同时担任京都大学、东京理科大学、昭和女子大学的客座讲师。曾获得《建筑评论》大奖，2008 日本建筑家协会大奖，2008年巴塞罗那世界建筑节一等奖，2009年《Wallpaper》奖。藤本壮介经常用

“原始”形容他的作品。他把建筑实践看成是探索世界和人道的一种方式。在人造环境与大自然的空间缩与放的实际体验给予藤本许多启示，特别是对于复杂体系之逻辑的领悟。藤本指出空间就是一种关系性，而空间/建筑不也可以看作依循着局部的规则与秩序所出来的结果吗。而藤本的一系列作品也清楚地揭示了他在建筑创作领域中的崭新坐标系，或说建筑的关键词（图9-15）：

（1）暧昧的秩序。

（2）如同洞窟般、没有意图的场所，情绪障碍儿童短期治疗中心。

（3）既分离又联结的空间——作为一种距离感的渐层场域，T House、O House、Diagonal walls登别共同住宅。

（4）是住宅同时也像都市般的场域，情绪障碍儿童短期治疗中心、7/2 house。

（5）当住家与市街、森林还未分开之前的情境，Tokyo Apartment。

（6）居住在暧昧的领域当中。

图9-15

二、HOUSE N住宅的解读

1. **建筑理念**　House N建筑理念就是弱建筑，以退为进。House N依然延续了藤本壮介对于Primitive Future（原始的未来建筑）的设计理念。这一理念探索一种原始的状态，与人类早期穴居的生活习性有关，而建筑则要在表现这一原始生活方式的同时，创造出属于将来的新东西。

（1）一种全新的处理人与人相互关系的方式，引导人们接触彼此，关系的改变带来建筑空间的改变，消除人际交往中的“距离感”。强调空间的“可选择性”，放弃建筑强加于人们的“功能限定”。这种设计的退让称为“弱建筑”。

（2）建筑的“包容性”：一是不设计，缺乏趣味性；二是挖掘潜能，创造立体的、“起伏”的、不平坦的、具有灵活性的建筑空间，充满趣味性。

（3）看似分离、零碎的空间，其实是一个相互联系的整体。

（4）创造建筑无非是生成各种“距离感”，比如私密空间就是与其他空间距离长且固定的空间。

藤本认为，所谓理想的建筑可以说是类似内部的外部空间和类似外部的内部空间，建筑并不是修建内部空间或外部空间，而是在内外之间修建丰富的场所（图9–16）。

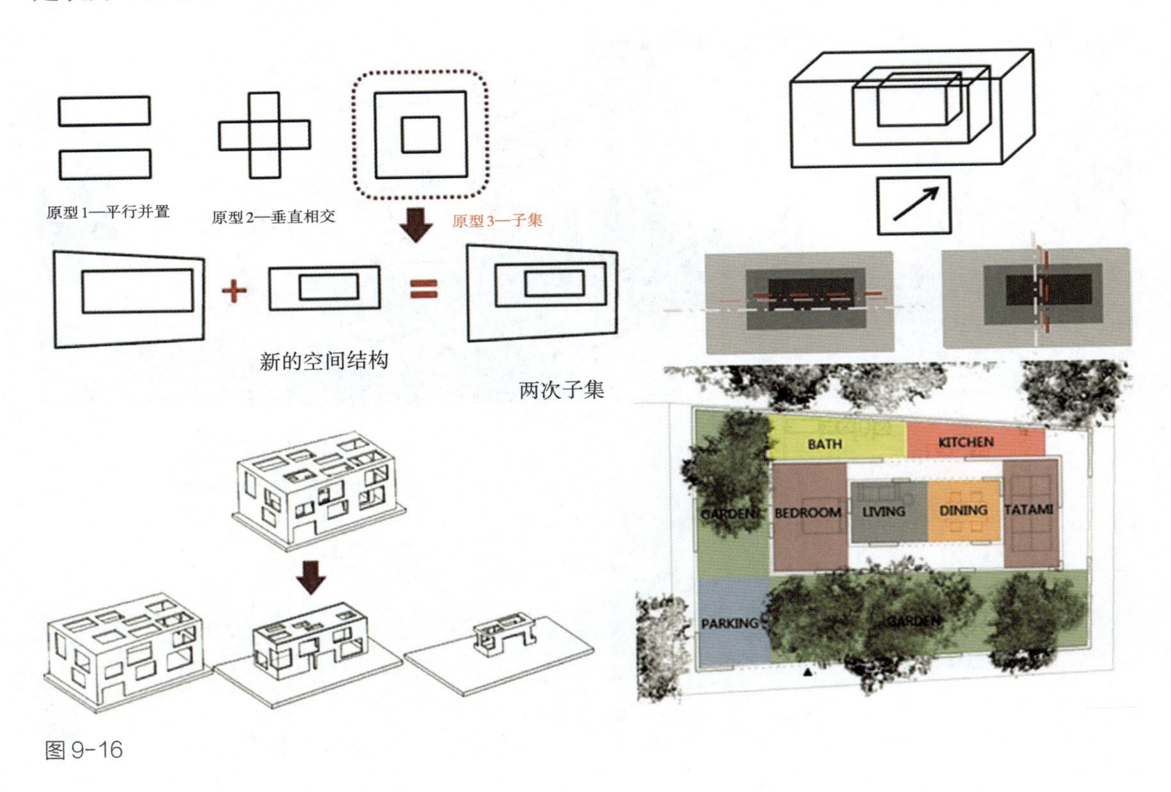

图9–16

2．***构成要素分析*** 通过罩体的嵌套，完全可以将内部看作外部，反之亦然。正如设计师所说：“我的初衷便是要设计这样一个建筑，它与空间无关，也不考究形式，只是要表现住宅与街道‘中间’的丰富。该建筑为三层的混凝土罩层层嵌套，每层罩的屋顶和四个立面都开着大窗洞。最外层将整个别墅和花园包裹其中，罩完全开放，创造了一个被包覆的半室内的庭园，“大窗”的存在让园中树木可自由生长，让建筑在未来变成一个巨大的树屋；中层是过渡空间，呈长方体，包含核心区域和卧室、榻榻米区域，在第一和第二个罩中间，花园背后的区域，则是浴室与厨房；最里层的餐厅和客厅是主人生活的核心区域。里面两层的窗户都装上隔热、保温效果良好的玻璃。建筑师将卧室、浴室等私密性的生活空间安排在距离街道较深的地方，让花园、休闲的榻榻米区域靠近街道以便与外部环境进行交流。并对墙体、屋顶窗户的位置与大小进行精确安排，保证建筑的光线充裕并照顾到住宅的私密性要求。三层嵌套创造出无数令人遐想的空间，且由于建筑材质上也没有里外之分，形成纯粹的空间组合形式。

整个建筑由三层大小渐变的钢筋混凝土“罩”嵌套构成，三层“罩”上开了许多的“窗”，并由里到外将包括花园在内的空间包裹了进来，各个“罩”之间的空间产生场所的浓淡。最外部的“罩”，也就是第一层罩，它覆盖整个的地块，创造了一个被包覆的半室内的（semi-indoor）庭园。“窗”的存在让园中树木的生长不会受到任何限制，反而可能随着树木的越发茂密让建筑在未来变成一个巨大的树屋（图9-17）。

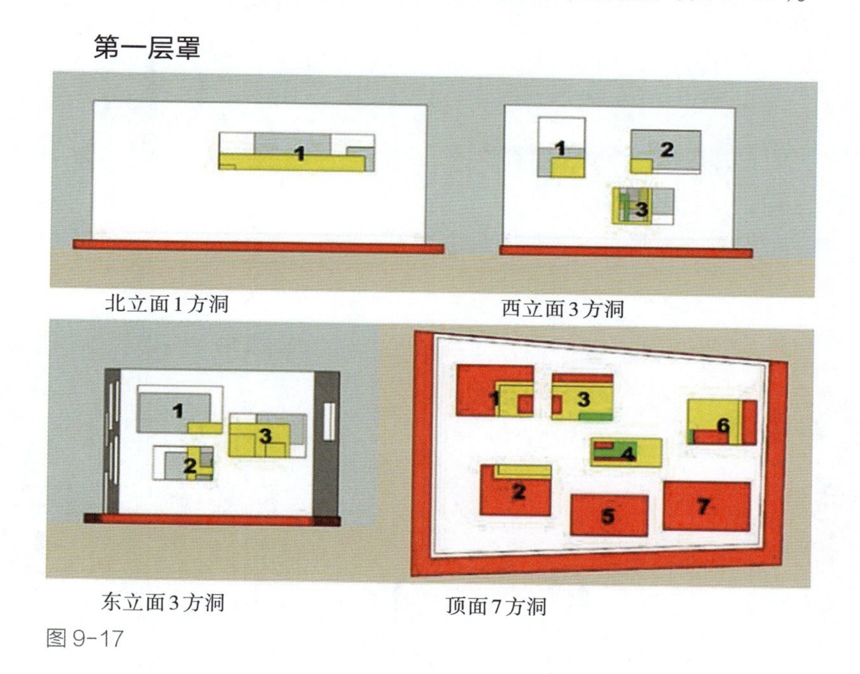

图9-17

第二个“罩”是在其包围的外部空间中修建的具有局限性的场所（图9-18），呈长方体，规划出卧室与榻榻米的区域，两者位于长方体长边的两端。而在这两个罩中间，花园背后的区域，则是浴室与厨房。

第三个“罩”创造了一个比较小的室内空间（图9-19），住户的生活就建立在这整个领域的渐层（gradation of domain）中，也是主人最为私密的生活场所。在每层“罩”的顶端有大开的天窗，躺在室内就可以欣赏满天星斗的美景，甚至能生出“以天为被地为席”的豪情。

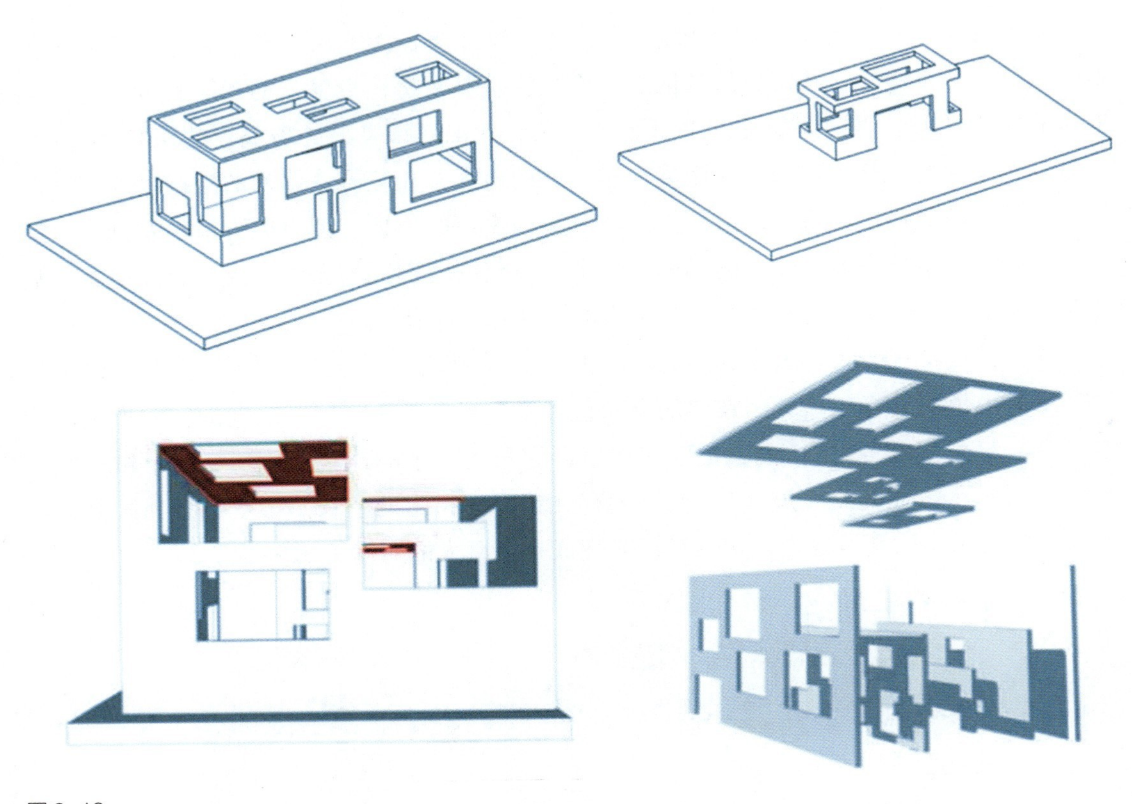

图 9-18

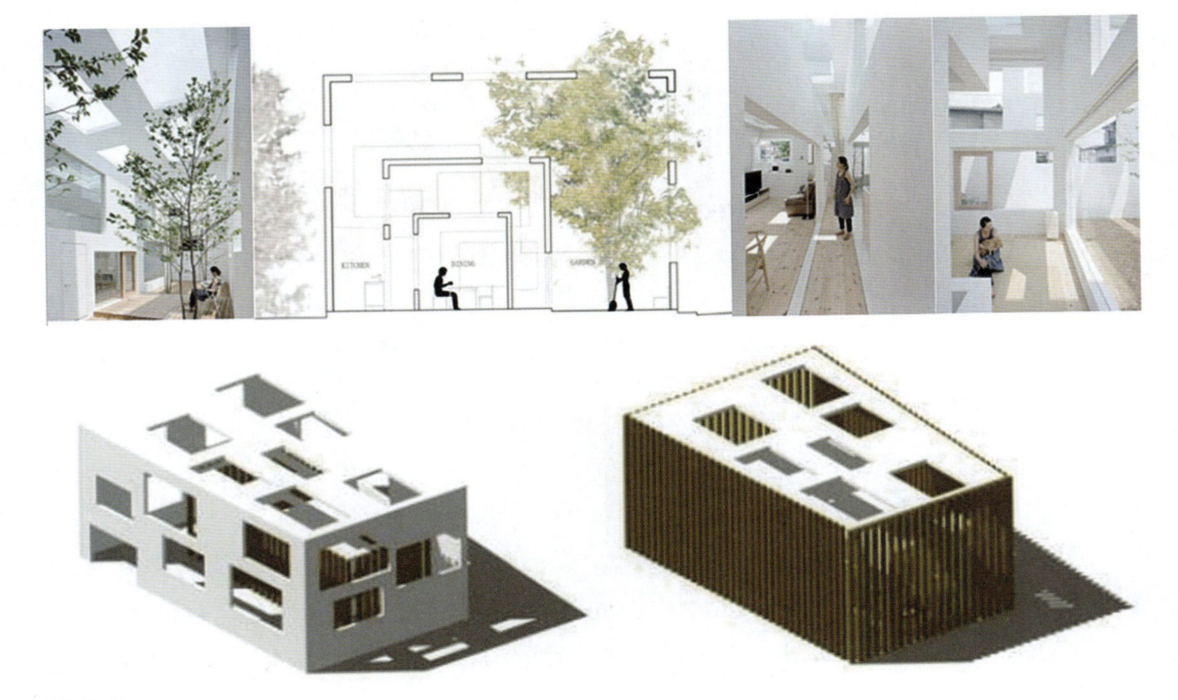

图 9-19

“间隙空间”并非仅仅是作为空间之间的连接体，它在集合造型中充当各种空间元素的中介和摩擦。由于空间摩擦而造成空间的渗透感。建筑尺度上的间：廊道、中庭、通高；间的特点：半开放性、功能模糊性、灰空间。简洁，明快，单纯的几何构图，理性思辨的设计痕迹，居住的空间概念被质疑，颠覆，重组；轻盈透彻、选材天然、注重细部。传统建筑的界定方式在二向的平面上进行，而House N将“间”延伸到了空间。House N的界定方式简单，仅仅采用了墙及墙上开窗的界定方式。

在日本文化的意识中，日本是个资源匮乏的岛国，因而对待任何资源的态度，都是最充分的利用，不能够有丝毫程度的浪费。这样就形成了日本文化中很典型的“尽物之极”的特征。对于藤本壮介而言，House N可以延伸至一条街、一座城，甚至代表这个无限的世界，“因为整个世界本就是由无限的嵌套组成。在我的想象中，城市与住宅在本质上其实并没有不同，它们只是通过不同的方式构成，或者说是对本质的不同表达——都代表一种人类居住生活的原始空间的一种状态。”如果要把木屋看作木建筑的终极形式，那么，House N就是代表都市生活的终极住宅，设计师在通过它将世界的本原与一个具体的住宅功能集合起来，同处于一个“罩”下。

思考题

1. 请结合流水别墅案例，谈谈对生态设计的理解？
2. 您对密斯的巴塞罗那德国会馆设计有哪些体悟？
3. 请您结合藤本壮介的HOUSE N住宅案例进行空间设计的解读？

参考文献

[1]Susan J. Slotkis. Foundations of Interior Design[M]. NEW YORK: Fairchild publications, INC., 2006.

[2]张绮曼,郑曙旸. 室内设计资料集 [M]. 北京:中国建筑工业出版社,2003.

[3]张玲,沈劲夫,汪涛. 室内设计 [M]. 北京:中国青年出版社,2009.

[4]菲莉丝·斯隆·艾伦,琳恩·M. 琼斯,等. 室内设计概论 [M]. 胡剑虹,等译. 北京:中国林业出版社,2013.

[5]陈易. 室内设计原理 [M]. 北京:中国建筑工业出版社,2008.

[6]近藤典子,博洛尼精装研究所. 打造一个井井有条的家 [M]. 闫英俊,译. 北京:中国林业出版社,2018.

[7]杉浦英一. 日系美宅:打动人心的家这样设计 [M]. 谷文诗,译. 北京:化学工业出版社,2019.

[8]严建中. 软装设计教程 [M]. 南京:江苏人民出版社,2019.

[9]刘怀敏. 居住空间设计 [M]. 北京:机械工业出版社,2012.

[10]黄春峰. 住宅空间设计 [M]. 长沙:湖南大学出版社,2013.

[11]蒋芳,孙云娟. 居住空间设计与施工 [M]. 武汉:华中科技大学出版社,2013.

[12]刘铎. 室内装饰材料 [M]. 上海:上海科学技术出版社,2005.

[13]叶森,王宇. 居住空间设计 [M]. 北京:化学工业出版社,2017.

[14]本间至,关本龙太,彦根明. 国际环境设计精品教程:居住空间设计图解 [M]. 朱波,译. 北京:中国青年出版社,2015.

[15]李梦玲. 居住空间设计 [M]. 北京:清华大学出版社,2018.

[16]祝彬,黄佳. 设计必修课:住宅空间布局与动线优化 [M]. 北京:化学工业出版社,2020.

[17]增田奏. 住宅设计解剖书 [M]. 海南:南海出版公司,2018.

[18]家居协会. 家居设计解剖书 [M]. 南京:江苏科学技术出版社,2016.

[19]吕从娜,赵一. 居住空间室内设计 [M]. 北京:化学工业出版社,2019.

[20]格里芬,张加楠. 设计准则:成为自己的室内设计师 [M]. 济南:山东画报出版社,2011.

[21]范莹. 居住空间设计 [J]. 艺术评论,2017(9):182.

[22]蒋建武. "江南意象" 居住空间室内设计 [J]. 华中农业大学学报,2018:161.

[23]林刚. 居住空间室内色彩设计的动态和谐 [J]. 浙江大学学报,2008(3):196-198.

[24]肖蓝,路嘉. 居住空间环境设计:居住小区的外部空间设计理念与工程实践分析 [J]. 建筑学 1998(11):16-21.

[25]孟梨歌. 探索人性化的居住空间:"中海雅园" 设计谈 [J]. 建筑学报,2000(8):15-18.

[26]林巧琴. 室内居住空间的适应性设计 [J]. 装饰,2007(2):111.

[27]罗晓良. 基于工作流程的居住空间室内设计实践教学初探 [J]. 中国职业技术教育,2012(2):11-13.

[28]王向明,王晓冬. 居住空间设计的探索 [J]. 煤炭工程,2002(4):58-61.

[29] 朱宗华. 朱宗华"新中式"居住空间设计 [J]. 建筑结构, 2019(12): 144.

[30] 甘桂遥. 正和城居住空间室内设计 [J]. 上海纺织科技, 2019(5): 76.

[31] 钱若云. 浅析环境空间设计的新领域: 软装设计 [J]. 包装设计, 2014(3): 80–81.

[32] 刘泽梅, 部瑞. 室内"软装设计"及其设计元素 [J]. 大舞台, 2012(4): 159, 137.

[33] 潘颖颖. 人性化的室内色彩设计 [J]. 河南师范大学学报, 2010(9): 268–269.

附录 课程教学设计案例

Specification
设计说明

本方案采用“新中式”的设计风格，将现代设计与中国传统文化元素相结合，将旧民居改造成民宿的设计。设计首先考虑的是舒适，为人们提供更多的休闲娱乐空间，同时也将建筑与周围的景色相连接能够最大程度的为旅客展示周边的景色。

This project adopts the design style of "new Chinese style", which combines modern design with traditional Chinese cultural elements combine, transform the old residence into the design of home stay. The first consideration of design is comfort, which provides people with more leisure and entertainment space, but also connect the building with the surrounding scenerytomaximize the travel guests show the surrounding scenery.

设计分析

Analysis of the situation
现状分析

Folk House
民居

场地内民居结构较为完整，墙面较为破旧

The residential structure of the site is relatively complete, the walls are relatively old.

Backyard
后院

后院植物杂乱，无法起到观赏作用

Backyard plants are too cluttered to ornamental.

The Road
道路

道路较为破旧，坑坑洼洼

The roads are dilapidated and potholed.

POOL
水池

民居后水池污染严重

The pool behind the residence is seriously polluted.

Color analysis
色彩分析

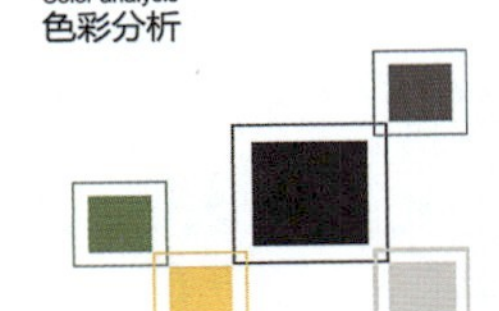

整体建筑的色彩较为鲜亮明快，保留了木材和石材原本的色彩融入整体的建筑当中使得建筑展现出一种朴素、清新的原始之美。家具的颜色则相对来说较为深沉，使整体空间体现出一种沉稳大气的感觉。

The overall color of the building is bright lively, the original wood and stone was retained. The colors are integrated into the overall building make the building show a kind of simple, clear new primordial beauty. The color of the furniture relatively speaking deeper, make whole empty between reflects a kind of composed atmosphere feeling.

Material analysis
材质分析

木材
Wood
用于室内地面铺装和家具制造
Used for indoor floor paving and furniture manufacturing.

石材
Stone
用于室外地面铺装和景观小品
Used for outdoor paving and landscape pieces.

竹材
Bamboo
用于整体的装饰品设计
Used for overall decoration design.

附图 1

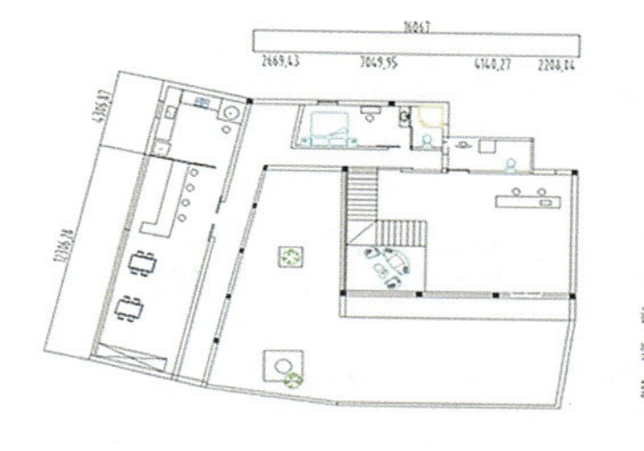

整个一层设计独特，直接，功能化且贴近自然，有着一份宁静的乡村风情，绝非虚华设计。

The entire floor is uniquely designed, direct, functional and close to nature, with a serene rural feel, not a virtual design.

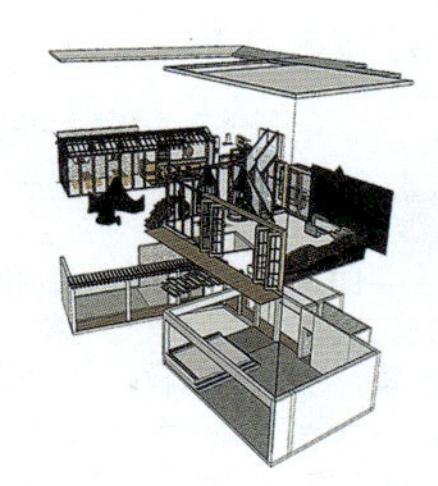

二楼客房
Second floor room

二楼客房
Second floor room

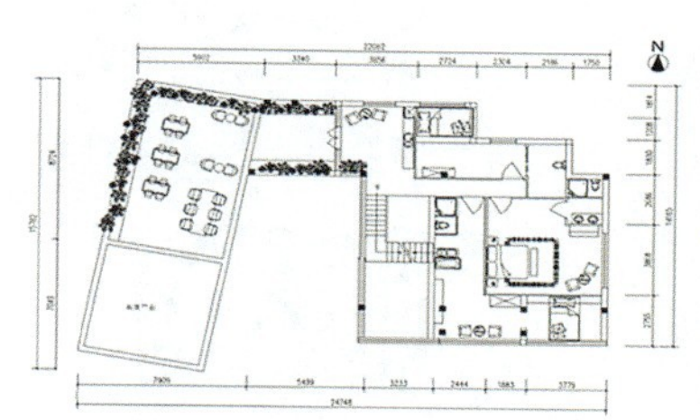

二楼三个房间分别位于民宿的三个方向，使民宿外的自然美景尽收眼底。二楼户外平台空间，设计了卡座等供客人休息娱乐，寓情于景。

The three rooms on the second floor are located in the three directions of the property, providing a natural view of the outside of the property. The outdoor platform space on the second floor is designed with a deck for guests to rest and entertain.

二楼平台
Second floor platform

一层动线、功能分区
One layer of moving line, functional partition

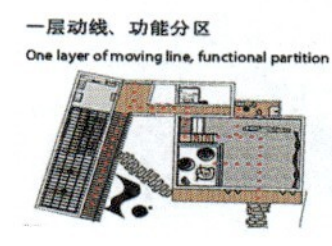

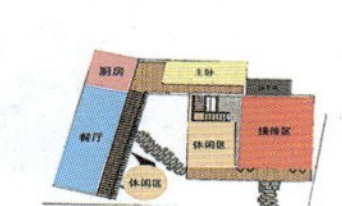

二层动线、功能分区
Two layer of moving line, functional partition

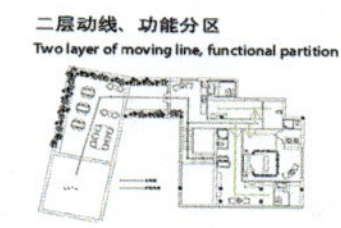

二楼平台
Second floor platform

户外座椅 Outdoor seat

一楼客厅 First floor living

附图 2

Less is more —— 室内空间设计 inter space design

班级 class：环设171 姓名 name：褚诗琴 指导老师 adviser： 赵斌

设计说明
description of design

密斯提出"Less is more"。一切从简，从结构，到布局，再到造型，结合灯光，在力所能及的范围里，将极简做到极致。考虑到户主夫妻为设计师，从设计师的角度出发，最为希望的就是能够拥有一处静谧的空间，让自己的思维沉静下来，进入状态，做出更好的方案，所以，在设计上，做到"少即是多"。

Adam Smith suggested "Less is more".Everything from simple, from the structure , to the layout ,to modeling, combined with lighting , in the scope of the ability ,will be extremely simple to achieve the ultimate.

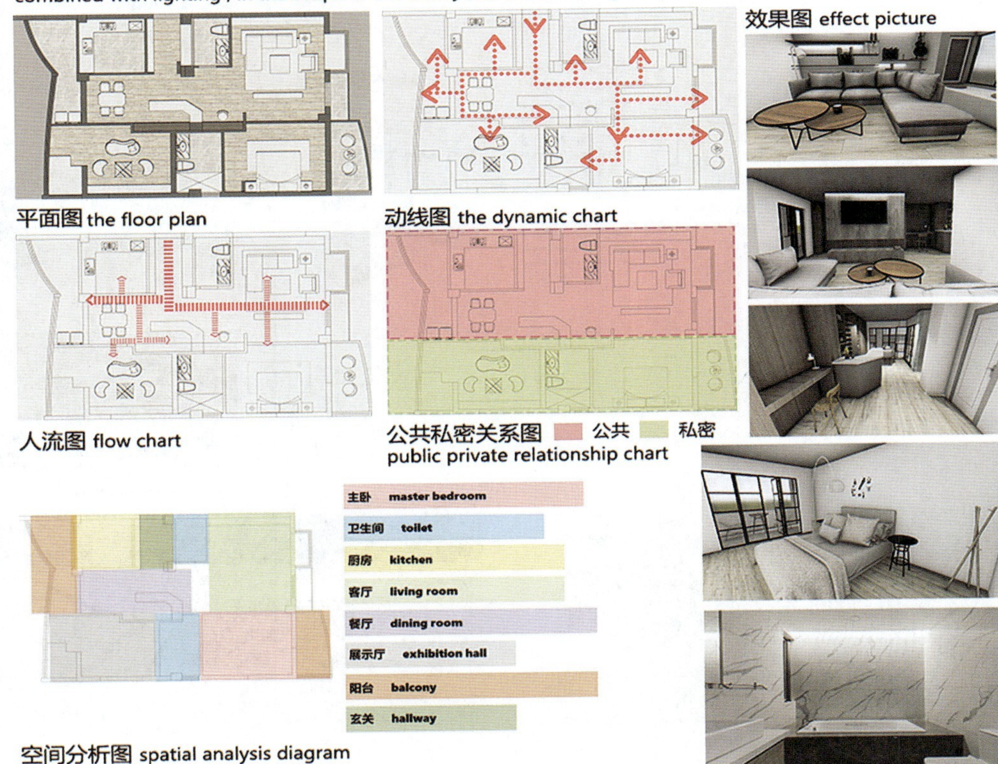

附图 3

"破尘"——
室内设计1空间改造设计

Topic targeting
主题定位
设计定位的人群以中老年为主，在喧嚣繁忙的时代，人们更加注重回归自然的生活方式。本案以"破尘"为主题，将自然元素与室内设计相结合，突破传统的生活方式，融合现代智能设计，意在让居住者获得更好的用户体验。
回归自然
Design explanation
设计说明
空间设计极力呈现别墅空间雅致、安静的力量。空间配色以自然大地色系主导整个空间，再加以沉稳、静逸的灰色与绿色作为点缀，营造安静、奢华的空间感受。就餐区采用超大的酒柜，对称的结构及陈列方式、木材料与装饰的运用体现中式的韵味与仪式感。主卧采用浅色饰面处理，低调奢华的配饰、时尚稳重的家具以及暖色的灯光氛围，使空间兼具温馨舒适与典雅贵气。卫生间采用玻璃围合的方式进行分隔设计，加上材质统一性刻意弱化分界感，将小空间最大化。美感与功能共同成就了尊贵雅致的理想人居生活。
Color analysis
材料分析
Elevation map
立面图
Concept generation
概念生成
智慧养老
休闲生活
品质追求
智能系统
功能
灯光
室内设计
流线
装饰
动线合理
趣味通畅
软装色彩丰富
隔断分隔空间
Layout plan
平面布置图
Design elements
设计元素
Pre-phase Analyses
前期分析
父母
职业：会计师
生活状态：忙于工作
老人
职业：退休
生活状态：养老
儿子
职业：工作
生活状态：自由
人
空间
环境
创造和谐的人居环境，团圆才是一家幸福生存之本。
通过空间与空间之间的互动，营造天人合一的设计理念。
Color analysis
色彩分析
主色调+辅色调+点缀色
6 : 3 : 1
Design sketch
效果图

附图 4

居住空间设计与表达
共生
在烟火中寻求一份宁静与惬意
Symbiosis: seeking a tranquility and coziness in fireworks
——室内居住空间设计
Interiror Living Space Design
班级：环设（实验）171
学号：201755935209
姓名：龚瑜新
指导老师：赵斌
功能需求分析
Function Analysis
年轻人
运动 Exercise
休憩 Rest
散步 Walk
健身 Exercise
聊天 Chat
阅读 Reading
茶饮 Drinking
静思 Thinking
餐饮 Eating
游戏 Game
娱乐 Play
设计说明
Design Notes
共生——在烟火中寻求一份宁静与惬意。把原有的隔墙全部拆掉，在房子公共区域设计了一个庭院式的公共空间，并把四周的回廊抬高，使客厅下凹，高度恰好成为人们休憩的座椅。婚房承载着一段美好的婚姻，也组成了一个新的家庭。新家族的家，将人们从自己私密的空间中解放开来，不再一个封闭的家庭区域，而是个体时代的新家庭住宅模式：更开放的高复合空间，拥有多的可能性。
Symbiosis: seeking a tranquility and coziness in fireworks.All the walls of the house were torn down, and a courtyard was designed in the public area of the house.Type public space,and raise the ambulatory around to make the livingroom concave.The height is just the seat forpeople to rest. The bridal chamber carries a section. A good marriage also forms a new family. The family of the new family.To liberate people from their private space is no longer one.A closed family area, but a new family housing model in the individual Era.Formula: more open high compound space, with more possibilities.
色彩分析
Color Analysis
平面布置图
Layout Plan
公共私密关系分析
Public And Private Analysis
公共空间 Public Space
私密空间 Private Space
人流走线分析
Analysis On The Route Of People Flow
主动线 Active Line
辅动线 Auxiliary Line
主要材料分析
Main Material Analysis
胡桃木实木 Solid wood
浅色木饰板 Wood veneer
不锈钢 Stainless steel
烤漆板 Baking paint plate
艺术涂料 Main material analysis
立面图展示
Elevation Display
次卧立面图
Elevation Display of Second Bedroom
主卧立面图
Elevation Display of Master Bedroom
主卫立面图
Elevation Display of Toilet
效果图展示
Rendering Display
次卧效果图
Design Sketch of Second Bedroom
客厅效果图
Design Sketch of Living room
书房及展示区效果图
Design Sketch of Study room
主卧效果图
Design Sketch of Master Bedroom

附图 5

居住空间设计与表达
和
室内居住空间设计
Interior living space design
/设计说明/
Design Explanation
城市正在逐渐变成"一个人的城市"。独居的老年人与年轻人占据了超过半数的比例，我们想象中的传统家庭已经在逐渐的瓦解和消失，这也即将是未来所要面对的事情。在繁华城市的喧嚣之中，人们更加的需要一个静谧，温柔适意的的养生宅。设计是想从以天，地，人三大主轴出发，结合环保与永续的概念，将家是一个持续发展，与使用者共同成长的理念彻底发挥，打造一个和式的居住空间。
/设计思路/
Design thinking
天
阳光
空气
水
水波纹天花板
枯山水
地
足下
暖色系木地板
人
客户
和
从五感出发，在视觉、嗅觉与触觉等方面延伸发展，打造出温柔适意的绝佳「养生宅」。强调养生以及与自然间的呼应关系，设计师从「天、地、人」三大主轴出发，揉和环保与永续的概念。
/立面图/
Elevation map
/色彩分析/
Color analysis
/材料分析/
Material analysis
/平面图/
plane figure

附图 6

良栖·书院
——嘉兴永红村民宿改造
居住空间设计与表达
功能分区：
Function division
客房区
Guest room
用餐休闲区
Coffee zone
休闲景观区
Landscape
入口景观区
Entrance
阅读区
Reading
路线分析：
Route Analysis
一层房客路线图：
一层游客路线图：
二层房客路线图：
二层游客路线图：
植物分析：
Plant analysis
爆炸图：
Explosive view
一层爆炸图
二层爆炸图
海桐
乌桕
西府海棠
大叶黄杨
夹竹桃
金丝桃
罗汉松
红花酢浆草
蜡梅
蔷薇
红花檵木
梓树
草坪
紫玉兰
木槿
一层剖面
二层剖面
餐厅剖面

附图 7

良栖·书院
嘉兴市永红村民宿改造
居住空间设计与表达
前期调研
双层结构蓄面丰富，
室内外互动条件优越。
院落体量感明显
室内 2F 通风采光条件足够
水泥构筑物造成围合感过重
人流动线单一
入口处面积狭小
区位分析
该地选址嘉兴永红村,地理位置偏远,结合新农村建设项目后,小区周边建造了公共配套房，用于超市、饭馆等公共服务性店面开发;盘活资产经营,对整合闲置或低效使用的老房进行设计资源再使用,近年来随着对民宿的大力推广和发展,越来越多的农村民宿开始带动村里经济发展。
设计说明
本案为独立院落型建筑,结合业主经营需求，以个性住宿艺术空间为载体,以文化交流为目的,塑造有人气和有人情的好民宿。主要围绕“书院’为主题,意在从人的思想观念上进行潜移默化的影响,适合各个年龄层次的个人、家庭居住。从居住的旅客的角度，既满足了住宿需求，也提供了阅读、交流的场所;从业主的角度，书院的主题可以产生品牌效应,提升人气,在旅游淡季一样能带来收益。通过“书院”这个设计,我们希望,在百忙中有一个闲暇的阅读时光以及亲子交流读书会给村里经常带一 些新时代积极向 上的书籍,无论淡季还是旺季,都能实现经济和思想上的双赢。
设计原则
住宿
娱乐
观景
1.环境更优化
2.功能更开放 多样
3.文化丰富多样
4.空间形式结构
5.新环境新气象
6.实现良好观赏环境
村庄整治,宅基地复垦,以及向外宣传本土风水人情,
让原本一些观念陈旧、科技意识不强及文化素质不高,接受新事物能力不强的存在改变,
顺应发展,学会接受更随时代的脚步,提高自身的学习能力,向着美好新生活更近一步。
主路
游览路线
出入口
主要景观节点
次要景观节点
小节点
出入口
景观带
总平面图
1.出入口
2.户外吊椅
3.树池桃树
4.户外休闲平台
5.咖啡茗茶简餐区
6.就餐卡座
7.古井
8.阅读区
9.纪念品小商店
10.咨询台
11.卧室1
12.卧室2
13.菜地
14.水景区
15.特色种植
景观小品
作品名称：良栖·书院——嘉兴市永红村民宿改造
班级：环设161
姓名：班金利、章韵婷、刘箫童
指导老师：赵斌

附图 8

一层侧面切面图

二次侧面切面图

居住空间设计与表达

良栖·书院

——嘉兴永红村民宿改造

我们的民宿：书院与民宿结合，推动当地经济发展，同时无论在生意兴隆的旅游季还是淡季都能保持自己的特点，我们设置有阅读交流，亲子故事会，以及烘焙和品茶等，结合各种人的爱好，在纪念品区摆卖一些当地的有纪念意义的饰品服务于更多的人群。

优缺点：表面光滑平整、材质细腻、边缘牢固，抗弯性好，容易做造型，切有舒适性并带有一定的功能性和便利性。窗户为塑钢窗易变型，强度不够；玻璃窗，保温，隔热，封闭性能好。大理石材质质地坚硬，耐磨，耐高温，有一定的吸水性，易清洁；墙面采用白色粉刷，与整体装修统一。

色彩分析：一楼大厅，全采用原木色，给人一种与自然更亲近的感觉，给儿童坐着看书的软垫采用易吸取眼球的金黄色。室内卧室主调为黑白灰色，给人一种高级感，又用原木点缀，与整体风格瞬间融为一体，生活家居床上用品或沙发等均使用布艺，灰色和米白都能给人原材料的生活高品质感，在黑白灰冷调的空间里，为了让空间活跃一些，我们在其中添加了一些暖色调的艺术饰品，也是所谓的对比，冷暖对比如今已是家装的一种潮流。地面采用灰白玻化砖，防滑耐磨，与整体卧室风格一直。

国外民宿

特点：浓浓的历史感，遍布着很多风格如浪漫的法国风、优雅的英国风、亲切近人的泰国风，以及庄严的德国风等等

国内民宿

特点：文艺与小资的设计风格，结合了中国古典元素设计，融入生态和环境。

纵向空间的合理利用

阅读区使用的书柜将平面围合成一个儿童阅读场所，出入口采用不规则且没有尖角的“洞”，保证阅读的宁静场所外增加趣味性，由于儿童和成人的身高差，书柜较低部分供儿童使用，高处则是成人的书架，从空间的使用功能上考虑更为节约。

作品名称：良栖·书院 ————嘉兴永红村民宿改造 班级：环设161 姓名：班金利、章韵婷、刘箫童 指导老师：赵斌

附图 9

居住空间设计与表达
Life in a family of five
Simple living
It really is this simple
易居
姓名：季在卷 班级：环设171 学号：201755935328
平面布置图
Layout plan
北
彩屏图
Color chart
功能布置图
Functional Map
老人房
女儿房
客厅
过道
书房
主卧
厕所
餐厅/厨房
入户花园
灯光布置图
Lighting layou
动静分析图
Dynamic and static analysis diagram
公共空间
动线分析图
Moving line Analysis chart
用户信息
User Information
用户是一对夫妻，职业是中学老师，40岁左右，家有五口人，父母同住一起，有一个13岁女儿。
空间需求：客厅、餐厅、主卧 、老人房、小孩房、书房及厕所若干。
用户分析
User analysis
中老年人：防滑防撞、安全，加强无障碍设计。喜欢安静，对陈设简易为好。
儿童：采光好，房间布置色彩饱和度要高一些，对新事物充满好奇。
效果图
Renderings
乳胶漆
Latex paint
在前面装饰材料选择上，多使用白色乳胶漆。看上去既简单又宽敞。墙面可以刷浅黄色、浅绿色等，这样可以增加装饰的立体感，能让整个空间看上去更典雅、时尚。
墙纸
Wallpaper
墙纸是比较上档次的装修材料，由于墙纸的品种花型繁多，具有更强的装饰性，可强烈显示多种装饰风格。选择墙纸时要选择浅色系的墙纸配色，更能体现现代简约的风格。
材料
Materials
设计风格
Design style
以简约的表现形式来满足人们对于简约却不简单的居室环境的要求，由于现代人快节奏、高频率以及满负荷的生活节奏，导致了人们需要在一天的工作之余，想要得到一个简约型的空间来得到一个心灵的放松，希望能够在家中摆脱世俗的繁琐、复杂并且追求简单、自然的的生活状态
瓷砖+地毯
Tile and carpet
可以选择在整个空间全部铺设瓷砖，然后在插几下、床边等局部加以地毯铺设，这样可以改善房间"硬"和"冷"的感觉。在选择瓷砖和地毯时，同样要选用浅色的色调。
木地板
Wooden floor
在装修卧室的时候，可以考虑选择安装实木地方，木地板的花纹看上去更自然一些，要选择与装修风格想搭配的木地板。最好是选用淡黄色或者乳白色。
深沉色系
Deep Color Scheme
深沉色系可用在房屋的中心，如红色的地毯与蓝白色印花窗帘搭配，色彩对比很强烈。
色系
Color Scheme
轻快色系
Light Color
轻快色系有黄色、橙色，搭配时我们地毯可用橙色的，窗帘和床套上可用黄白色印花图案，墙面和天花板、沙发可一律用灰色来搭配
厨房立面图
Kitchen elevation
卧室立面图
Bedroom elevation
客厅立面图
Sitting Room elevation

附图 10

设计的主题是单身公寓，整体采用了后现代风格，配色采用了大面积的墨绿色以及小面积的金色点缀。作为单身公寓，最重要的便是个人住的舒服，空间的考虑上以个人的空间占据的大部分，在餐桌吧台等区域考虑多人的因素。在满足个人功能需求的同时做出舒适的视觉效果。
The theme of the design is single apartment, the overall use of the post-modern style, color using a large area of dark green and small area of gold embellishment. As a single apartment, the most important thing is the comfort of personal living. In terms of space, the majority of people are occupied by personal space, and the factor of multiple people is considered in areas such as dining table and bar. In order to meet the needs of personal functions at the same time to make a comfortable visual effect.
墨
平面布置图
Layout plan
living background wall
客厅背景墙
bedroom background wall
卧室背景墙
Living room facade
客厅立面
Bedroom facade
卧室立面
灯光布置图
Lighting layout
Moving line analysis
动线分析图（主）
Moving line analysis
动线分析图（客）
private space
私密空间
Layout plan
公共空间
居住空间设计与表达
姓名：杨浩东
班级：环设 171

附图 11

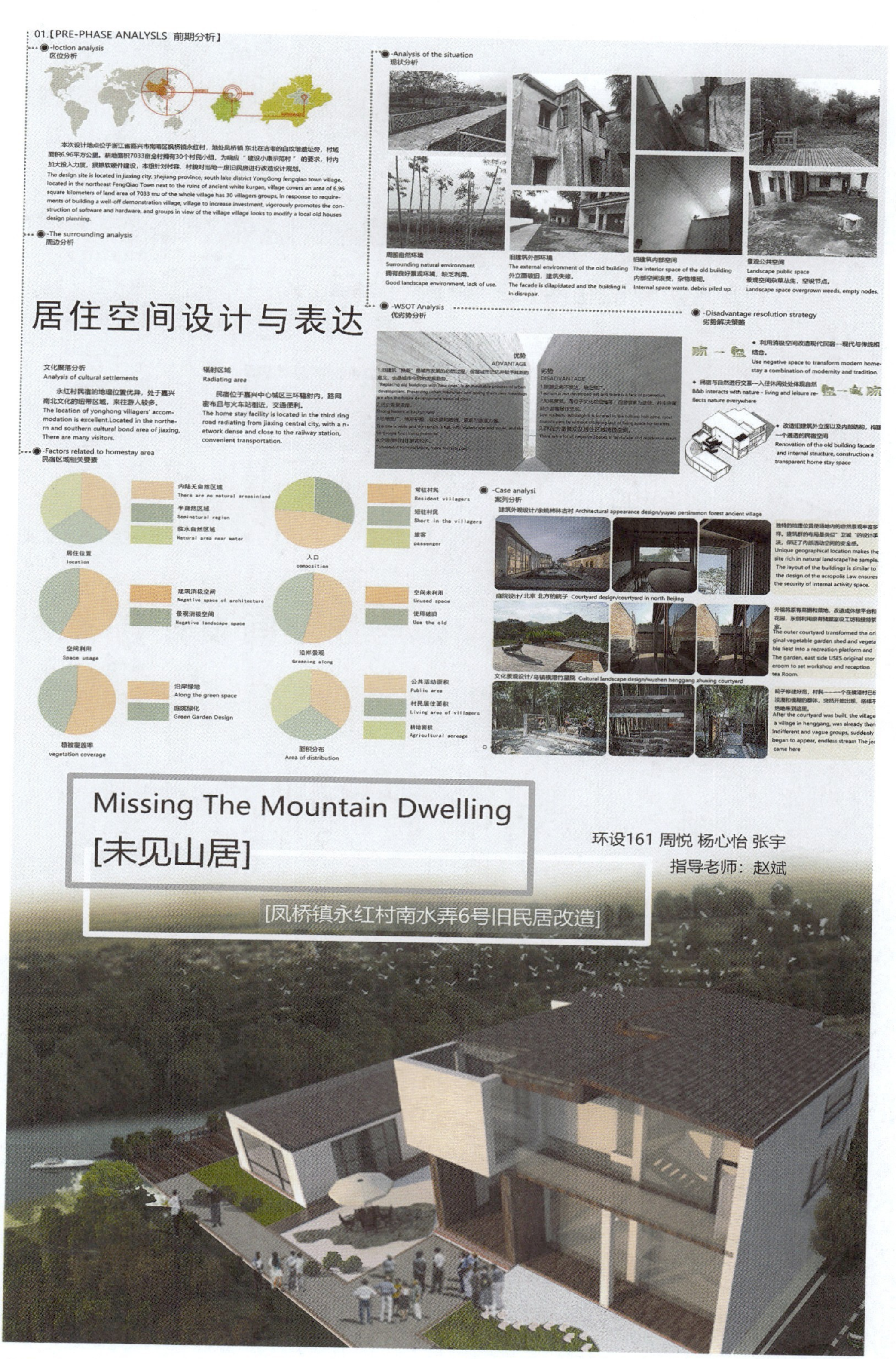
01.【PRE-PHASE ANALYSLS 前期分析】
-loction analysis
区位分析
-The surrounding analysis
周边分析
-Analysis of the situation
现状分析
-WSOT Analysis
优劣势分析
-Disadvantage resolution strategy
劣势解决策略
居住空间设计与表达
文化聚落分析
Analysis of cultural settlements
辐射区域
Radiating area
-Factors related to homestay area
民宿区域相关要素
-Case analysi
案列分析
Missing The Mountain Dwelling
[未见山居]
环设161 周悦 杨心怡 张宇
指导老师：赵斌
[凤桥镇永红村南水弄6号旧民居改造]

附图 12

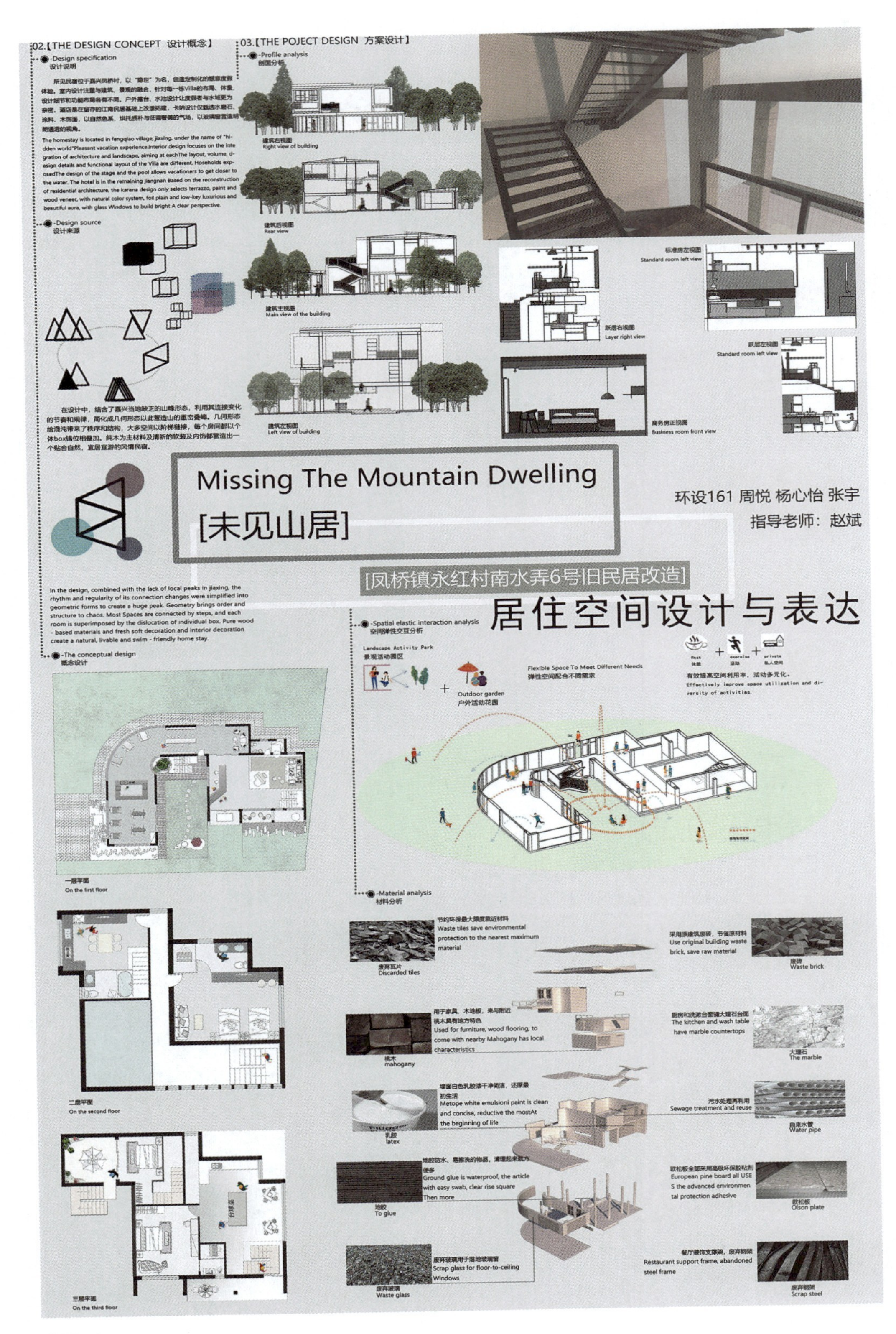

02.【THE DESIGN CONCEPT 设计概念】
-Design specification
设计说明
所见民宿位于嘉兴凤桥村，以"隐世"为名，创造定制化的惬意度假体验。室内设计注重与建筑、景观的融合，针对每一栋Villa的布局、体量、设计细节和功能布局各有不同。户外露台、水池设计让度假者与水域更为亲密。酒店是在留存的江南民居基础上改造拓建，卡纳设计仅甄选水磨石、涂料、木饰面，以自然色系，烘托质朴与低调奢美的气场，以玻璃窗营造明朗通透的视角。
The homestay is located in fengqiao village, jiaxing, under the name of "hidden world"Pleasant vacation experience.Interior design focuses on the integration of architecture and landscape, aiming at eachThe layout, volume, design details and functional layout of the Villa are different. Hoseholds exposedThe design of the stage and the pool allows vacationers to get closer to the water. The hotel is in the remaining Jiangnan Based on the reconstruction of residential architecture, the karana design only selects terrazzo, paint and wood veneer, with natural color system, foil plain and low-key luxurious and beautiful aura, with glass Windows to build bright A clear perspective.
-Design source
设计来源
在设计中，结合了嘉兴当地缺乏的山峰形态，利用其连接变化的节奏和规律，简化成几何形态以此营造山的重峦叠嶂。几何形态给混沌带来了秩序和结构，大多空间以阶梯链接，每个房间都以个体box错位相叠加。纯木为主材料及清新的软装及内饰都营造出一个贴合自然，宜居宜游的风情民宿。
In the design, combined with the lack of local peaks in jiaxing, the rhythm and regularity of its connection changes were simplified into geometric forms to create a huge peak. Geometry brings order and structure to chaos. Most Spaces are connected by steps, and each room is superimposed by the dislocation of individual box. Pure wood - based materials and fresh soft decoration and interior decoration create a natural, livable and swim - friendly home stay.
-The conceptual design
概念设计
一层平面
On the first floor
二层平面
On the second floor
三层平面
On the third floor
03.【THE POJECT DESIGN 方案设计】
-Profile analysis
剖面分析
建筑右视图
Right view of building
建筑后视图
Rear view
建筑主视图
Main view of the building
建筑左视图
Left view of building
标准房左视图
Standard room left view
跃层右视图
Layer right view
跃层左视图
Standard room left view
商务房正视图
Business room front view
Missing The Mountain Dwelling
[未见山居]
环设161 周悦 杨心怡 张宇
指导老师：赵斌
[凤桥镇永红村南水弄6号旧民居改造]
居住空间设计与表达
-Spatial elastic interaction analysis
空间弹性交互分析
Landscape Activity Park
景观活动园区
Outdoor garden
户外活动花园
Flexible Space To Meet Different Needs
弹性空间配合不同需求
有效提高空间利用率，活动多元化。
Effectively improve space utilization and diversity of activities.
-Material analysis
材料分析
节约环保最大限度就近材料
Waste tiles save environmental protection to the nearest maximum material
废弃瓦片
Discarded tiles
采用原建筑废砖，节省原材料
Use original building waste brick, save raw material
废砖
Waste brick
用于家具、木地板，来与附近桃木具有地方特色
Used for furniture, wood flooring, to come with nearby Mahogany has local characteristics
桃木
mahogany
厨房和洗漱台面镶大理石台面
The kitchen and wash table have marble countertops
大理石
The marble
墙面白色乳胶漆干净简洁，还原最初生活
Metope white emulsioni paint is clean and concise, reductive the mostAt the beginning of life
乳胶
latex
污水处理再利用
Sewage treatment and reuse
自来水管
Water pipe
Ground glue is waterproof, the article with easy swab, clear rise square Then more
地胶
To glue
European pine board all USE S the advanced environmen tal protection adhesive
欧松板
Olson plate
废弃玻璃用于落地玻璃窗
Scrap glass for floor-to-ceiling Windows
废弃玻璃
Waste glass
餐厅装饰支撑架，废弃钢架
Restaurant support frame, abandoned steel frame
废弃钢架
Scrap steel

附图 13

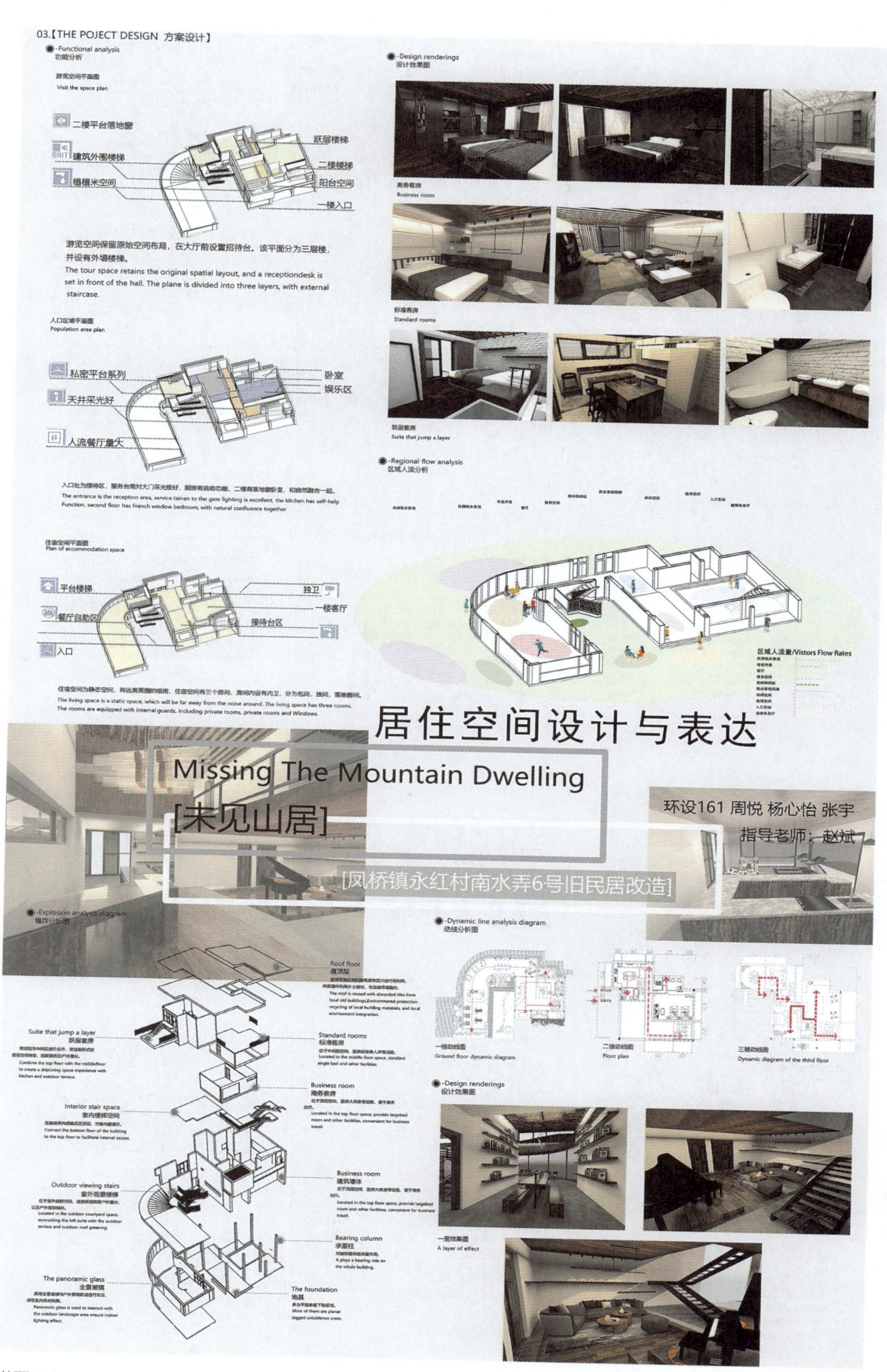

03.【THE POJECT DESIGN 方案设计】
Functional analysis
功能分析
游览空间平面图
Visit the space plan
二楼平台落地窗
建筑外围楼梯
榻榻米空间
跃层楼梯
二楼楼梯
阳台空间
一楼入口
游览空间保留原始空间布局，在大厅前设置招待台。该平面分为三层楼，并设有外墙楼梯。
The tour space retains the original spatial layout, and a receptiondesk is set in front of the hall. The plane is divided into three layers, with external staircase.
人口区域平面图
Population area plan
私密平台系列
天井采光好
人流餐厅最大
卧室
娱乐区
住宿空间平面图
Plan of accommodation space
平台楼梯
餐厅自助区
入口
独卫
一楼客厅
接待台区
Design renderings
设计效果图
商务客房
Business room
标准客房
Standard rooms
跃层套房
Suite that jump a layer
Regional flow analysis
区域人流分析
区域人流量/Vistors Flow Rates
居住空间设计与表达
Missing The Mountain Dwelling
[未见山居]
环设161 周悦 杨心怡 张宇
指导老师：赵斌
[凤桥镇永红村南水弄6号旧民居改造]
Explosion analysis diagram
爆炸分析图
Roof floor
屋顶层
Suite that jump a layer
跃层套房
Standard rooms
标准客房
Business room
商务客房
Interior stair space
室内楼梯空间
Business room
建筑墙体
Outdoor viewing stairs
室外观景楼梯
Bearing column
承重柱
The panoramic glass
全景玻璃
The foundation
地基
Dynamic line analysis diagram
动线分析图
一楼动线图
Ground floor dynamic diagram
二楼动线图
Floor plan
三楼动线图
Dynamic diagram of the third floor
Design renderings
设计效果图
一层效果图
A layer of effect

附图 14

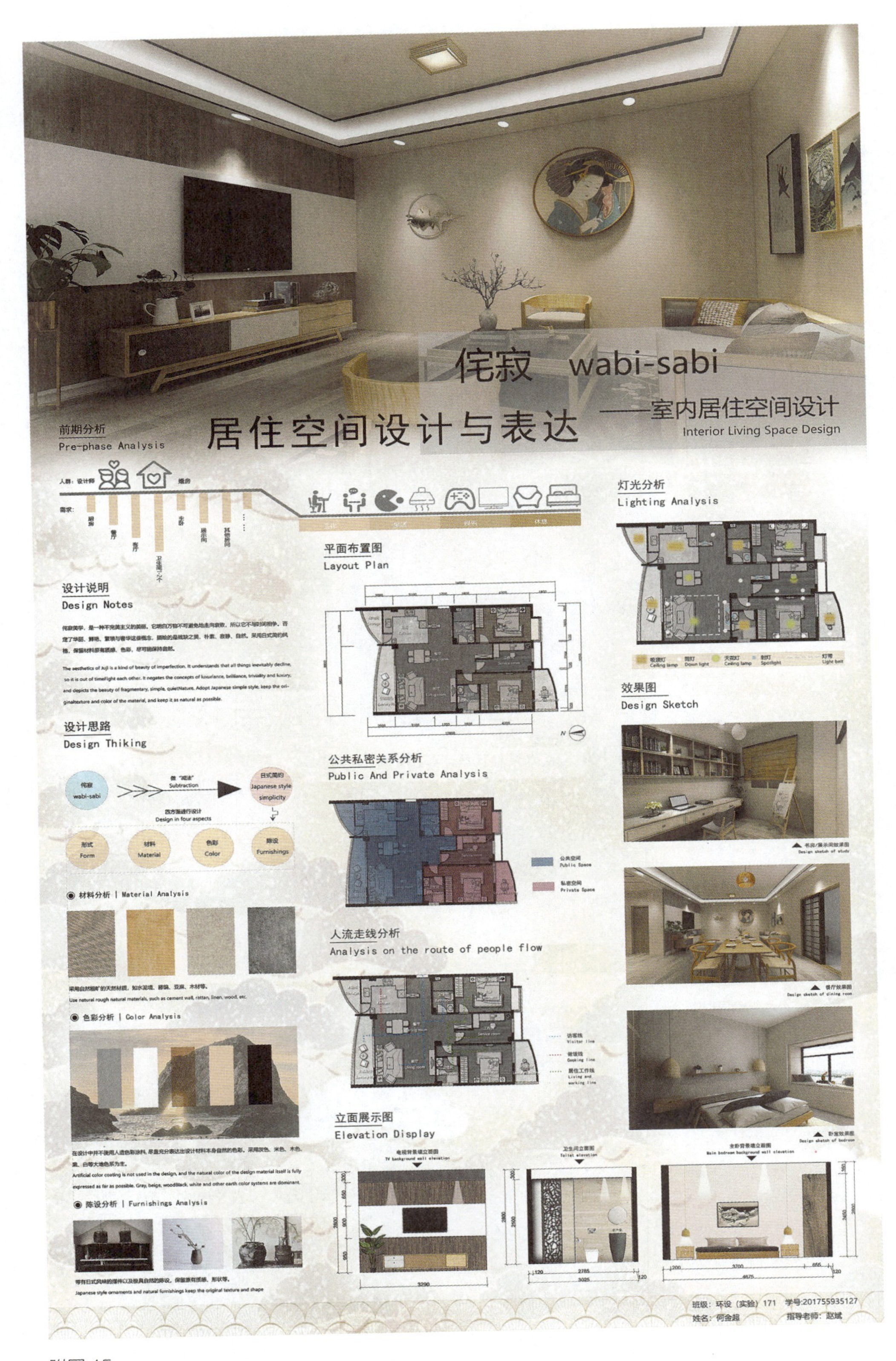
侘寂 wabi-sabi
居住空间设计与表达
——室内居住空间设计
Interior Living Space Design
前期分析
Pre-phase Analysis
设计说明
Design Notes
设计思路
Design Thiking
侘寂
wabi-sabi
日式简约
Japanese style
simplicity
形式
Form
材料
Material
色彩
Color
陈设
Furnishings
材料分析 | Material Analysis
色彩分析 | Color Analysis
陈设分析 | Furnishings Analysis
平面布置图
Layout Plan
公共私密关系分析
Public And Private Analysis
人流走线分析
Analysis on the route of people flow
立面展示图
Elevation Display
灯光分析
Lighting Analysis
效果图
Design Sketch
班级：环设（实验）171 学号:201755935127
姓名：何金超 指导老师：赵斌

附图 15

LEAVE FRAGRANCE -INTERIOR HOME DESIGN SCHEME
留香——室内家居设计方案
设计说明 DESIGN EXPLANATION
该居住空间以现代的装饰手法和家具结合古典中式的装饰元素，呈现出传统与现代家居风格的碰撞。玄关设计采用茶元素，将玄关与茶室相结合，进门就能浓厚的感受到中国的茶文化。这种绝妙的组合给人以强烈的视觉意志力。客厅以中式常见的中国红和雅黑为主色调，布以线条简约的清代家具及盆栽点缀，兼有古典的沉稳雅致和现代的简约精致。餐厅采用灰白大理石地板，时尚简约餐桌搭配后现代吊灯与卡座中式壁灯形状呼应，墙壁悬挂黑白泼墨中式画，新颖时尚。总体走向是将古典语言以现代手法诠释，注入中式的风雅意境，使空间散发着淡然悠远的人文气韵。令每个空间都呈现出名自不同的细节与特色，糅合起来共同诠释了大气而不失细致的东方色彩。
项目概况 PROJECT OVERVIEW
项目名称：留香家居设计
风格：新中式
设计主题：东方神韵 彰显品位
关键词：大气、典雅、精致
灵感来源 INSPIRATION SOURCE
从中国传统元素中提取设计灵感
将古朴的新中式风格与现代舒适进行完美结合
以茶香、墨香、书香、木香四种香收放自如的诠释东方精髓
色彩提炼 COLOR REFINING
自然的映入中国传统的色彩
墨水（雅黑）
茶（茶色）
木材（褐色\木色）
书（浅灰色）
中式典雅色彩（枣红色）
材质提炼 MATERIAL REFINING
布艺
石材
木材
平面图 PLAN
主卧 MASTER BEDROOM
居住空间设计与表达
效果图
DISIGN SKETCH
客厅 LIVING ROOM
书房 STUDY
主卧
老人房
卫生间
女儿房
阳台
客餐厅
厨房
玄关
主人
老人
孩子
客人
家人们公共空间除外的动线
公共空间
私密空间
分析图 ANALYSIS CHART
立面图 ELEVATION MAP
姓名：葛汪欣　班级：环设（实验）171　学号：201755935221　指导老师：赵斌

附图 16

居住空间设计与表达
设计说明 Design explanation
“空间原色”室内空间总体面积110平方米，具备了客餐厅、厨房、卧室、书房、卫生间、展示空间等六大功能分区。整体空间以灰白原木为主要色系，中性的色系，亦传达了居者内心中庸之道的那把尺度。自然灰雅的空间，许多细节隐入其中，原木踢脚深邃的沟缝，简易有力地勾勒出立面线条。灰白色的冷喷漆墙面，壁布及石材的交迭运用，使得在细节处理上更显细腻。
室内平面功能图 Layout plan
Analysis chart 分析图
功能分区
剖面图 Profile
动线图
动线图
效果图 Design sketch
动静分区
立面图 Elevation
班级：环设（实验）171　姓名：陈冰莹　学号：201755935316　指导老师：赵斌

附图 17

影居
姓名：蔡倩倩 学号：201755935320 指导老师：赵斌
居住空间设计与表达
设计说明
Design specification
用室外采光、室内绿植、与室内家居结合，将灯光、采光，家具布置，绿植按照一定的关系组合，从而使室内室外宽敞明亮，线条和色彩单一而又不缺乏趣味，营造一种空间感和艺术感。大量运用原木色，感知自然材质，由景生情，回归原始和自然，使生活在城市中的人具有潜在的怀旧、怀乡、回归自然的情绪得到补偿。
私密空间
公共空间
卧室
客厅
餐厅
卫生间
厨房
入户花园
北剖面（NORTH SECTION）
南剖面（SOUTH SECTION）
西剖面（WEST SECTION）
东剖面（EAST SECTION）
主人动线
Master's moving line
客人动线
Guest moving
800
2000
2800
2690
2800
240
1500
3760
10990
B客厅立面图1:30

附图 18

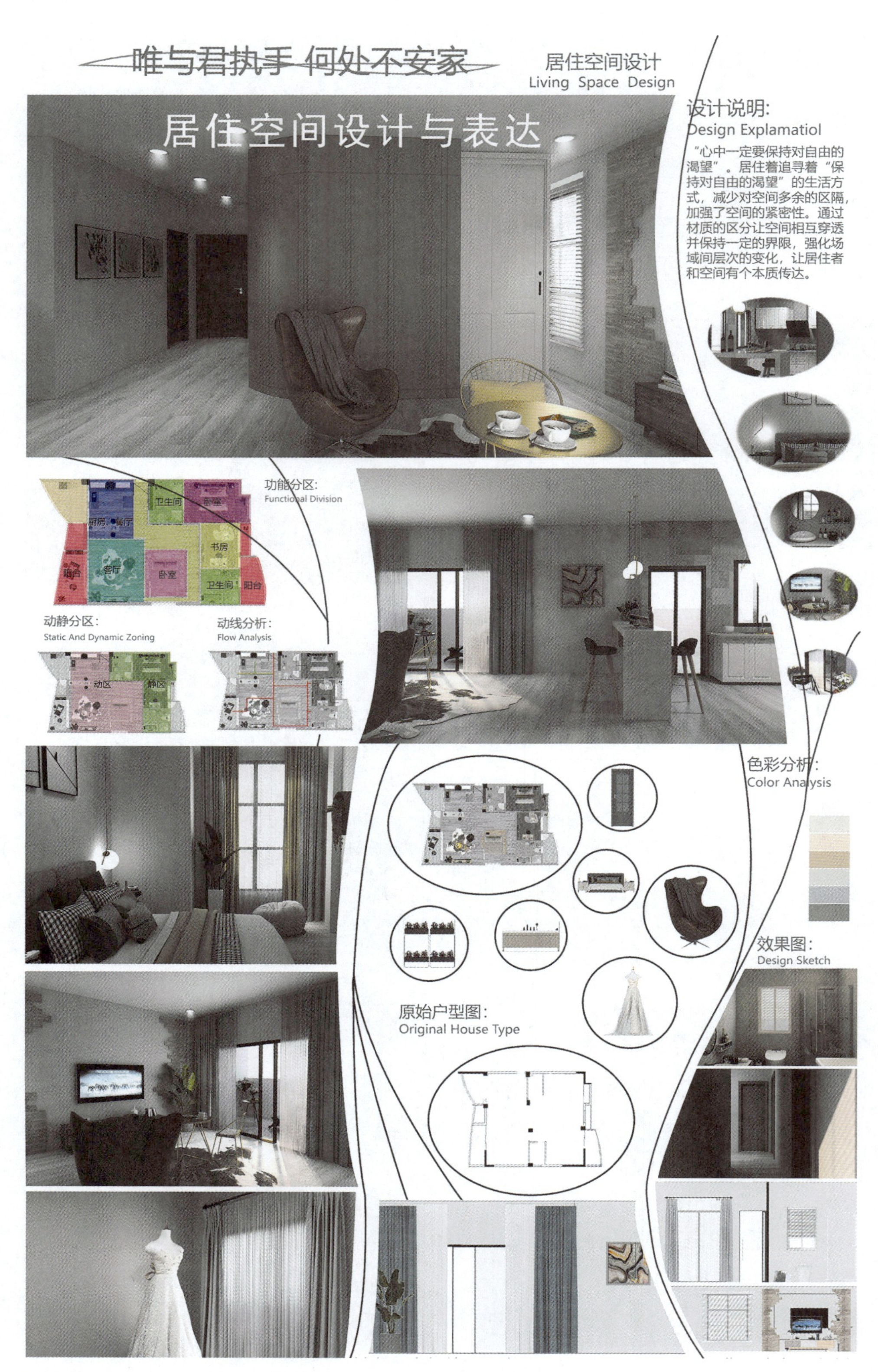
唯与君执手 何处不安家
居住空间设计
Living Space Design
居住空间设计与表达
设计说明:
Design Explamatiol
"心中一定要保持对自由的渴望"。居住着追寻着"保持对自由的渴望"的生活方式，减少对空间多余的区隔，加强了空间的紧密性。通过材质的区分让空间相互穿透并保持一定的界限，强化场域间层次的变化，让居住者和空间有个本质传达。
功能分区:
Functional Division
卫生间
卧室
厨房、餐厅
书房
阳台
客厅
卧室
卫生间
阳台
动静分区:
Static And Dynamic Zoning
动区
静区
动线分析:
Flow Analysis
色彩分析:
Color Analysis
效果图:
Design Sketch
原始户型图:
Original House Type

附图 19

居住空间设计与表达
偶·居
私宅室内家装布局设计
Layout Design of Private House Interior Furniture
环设161 刘佳佳 2016554445115

色彩分析 Color analysis

主色

辅色

室内墙面色彩以米白色和中灰色为主，家具以柚木色为主，适当点缀亮黄色，让整个室内色彩显得活泼、温馨不沉闷。

The interior wall color is mainly beige and medium gray, and the furniture is mainly teak. The interior color is lively, warm and not dull.

材料分析 Material analysis

木质和布料

室内装饰材料以木质跟布料为主，以钢铁为辅助材料。柔软的布艺给人温暖、干净、柔和的感受。配上木质的桌子，让整个家装更有生命力。部分灯具试用钢架结构，打破了传统让家居设计显得更加生动。

Interior decoration materials mainly consist of wood and cloth, and iron and steel as auxiliary materials. Soft cloth gives people a warm, clean and soft feeling. With wooden tables, so that the whole home more vitality. Some lamps try out the steel frame structure, breaking the tradition and making the home design more lively.

设计说明

用户为五口之家，主人是一对夫妻，都是会计师。有一个28岁的儿子，与父母同住在一起。且主人的父母是一对年过七十的老人。

用户希望我们规划一个动线简约明确，功能齐全且使用舒适的家。确保每位家庭成员有自己的独立空间，但又能有很好的交流与互动。家装风格温馨、干净、舒适。

根据用户的需求，我们将公共区域与私人区域明显的分开。确保每个成员有自己的私密区域。空间设计流畅，简洁。同时根据每位家庭成员的需要合理分布了室内功能布局。确保用户使用的方便与舒适。

家装风格为简约的北欧风。北欧风色彩搭配干净、明朗。且注重原木质感和装饰材料的自然美。能满足用户家装风格温馨、舒适的要求。

The user is a family of five, the owner is a couple, both accountants. There is a 28-year-old son who lives with his parents. And the master's parents are a couple over seventy years old.

Users want us to plan a simple and clear moving line, complete functions and comfortable home. Ensure that each family member has his or her own independent space, but also has good communication and interaction. Home decoration style is warm, clean and comfortable.

According to the user's needs, we will clearly separate the public area from the private area. Ensure that each member has its own private area. The space design is smooth and concise. At the same time, according to the needs of each family member, the indoor functional layout is reasonably distributed. Ensure user's convenience and comfort.

The style of home decoration is simple Nordic style. The Nordic wind color is clean and clear. And pay attention to the natural beauty of log texture and decorative materials. It can satisfy the requirements of warmth and comfort of user's home decoration style.

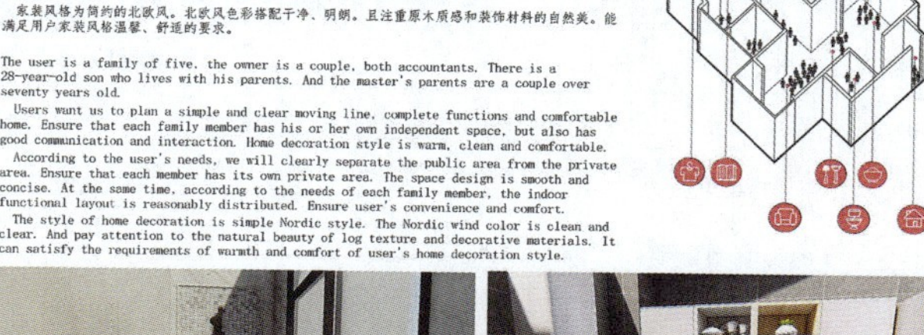

现状分析

1. 用户为五口之家，人口较多，厕所需求量较大。
2. 老人年纪较高，行动不便。动线不宜太复杂。
3. 户型面积较小，需合理划分区域面积。
4. 户型承重墙较多，布局较困难。
5. 考虑主人办公环境的需要，需将私密空间与公共空间划分明确。

Current situation analysis

1. The user is a family of five, with a large population and a large demand for toilets.
2. Older people are older and inconvenient to move. The moving line should not be too complicated.
3. The size of the household is small, so it is necessary to divide the area reasonably.
4. Family-type bearing walls are more difficult to lay out.
5. Considering the needs of the host office environment, it is necessary to clearly divide the private space and the public space.

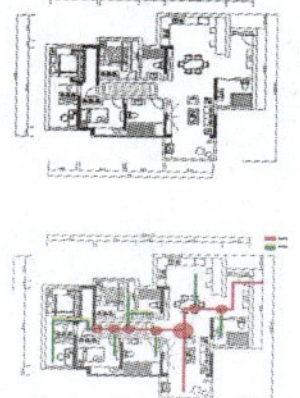

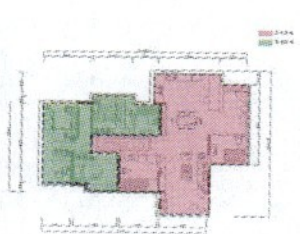

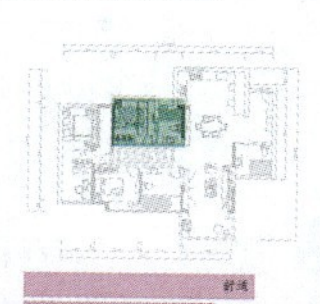

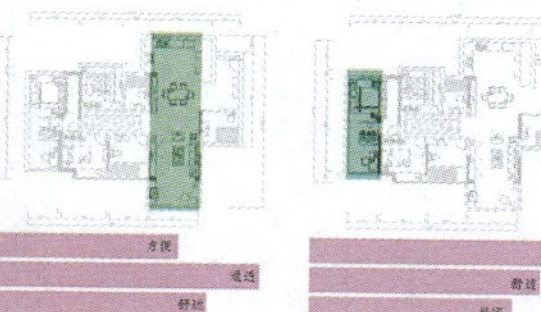

舒适
安全
方便

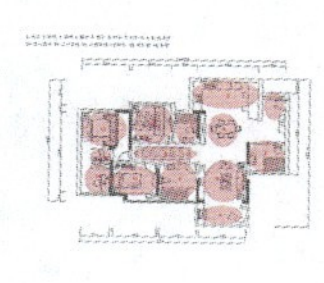

解决问题

1. 我们为用户设立了三个厕所。两个公共厕所，一个私人厕所在老人房内。让行动不便的老人使用方便。
2. 动线简洁明了，客厅、餐厅、厨房在一条线上，南北通透。且卧房入口有一个较为宽敞的走廊。动线明确。
3. 在保证基本功能正常使用的情况下，我们为主人设立了独立的书房，让主人能静心工作。且有独立的更衣室。
4. 在不能拆毁承重墙的前提下合理布局，让用户居住舒适。
5. 私密空间与公共空间有非常明确的划分。

Solve the problem

1. We have set up three toilets for users. Two public toilets, one private toilet in the old man's room. Make it convenient for the elderly who are not easy to move.
2. The moving line is concise and clear. The living room, dining room and kitchen are on one line, and the north and South are transparent. And the bedroom entrance has a more spacious corridor. The line is clear.
3. Under the condition of guaranteeing the normal use of basic functions, we have set up an independent study for the master, so that the master can work calmly. There is also an independent dressing room.
4. On the premise that the load-bearing wall can not be demolished, the reasonable layout can make the users live comfortably.
5. There is a very clear division between private space and public space.

附图 20

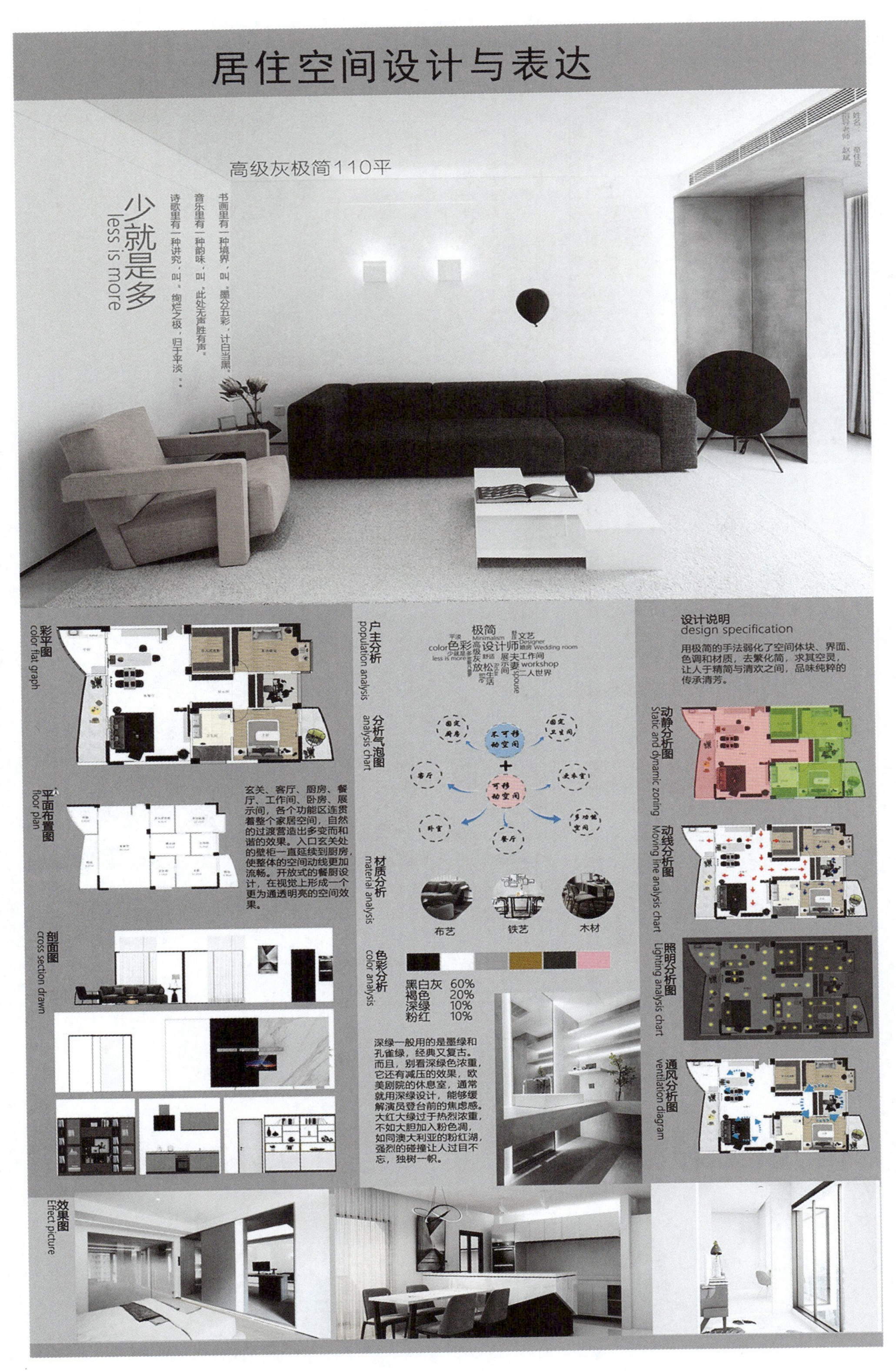
居住空间设计与表达
高级灰极简110平
书画里有一种境界，叫"墨分五彩，计白当黑"。
音乐里有一种韵味，叫"此处无声胜有声"。
诗歌里有一种讲究，叫"绚烂之极，归于平淡"。
少就是多
less is more
彩平图
color flat graph
平面布置图
floor plan
玄关、客厅、厨房、餐厅、工作间、卧房、展示间，各个功能区连贯着整个家居空间，自然的过渡营造出多变而和谐的效果。入口玄关处的壁柜一直延续到厨房，使整体的空间动线更加流畅。开放式的餐厨设计，在视觉上形成一个更为通透明亮的空间效果。
剖面图
cross section drawn
户主分析
population analysis
分析气泡图
analysis chart
材质分析
material analysis
布艺
铁艺
木材
色彩分析
color analysis
黑白灰 60%
褐色 20%
深绿 10%
粉红 10%
深绿一般用的是墨绿和孔雀绿，经典又复古。而且，别看深绿色浓重，它还有减压的效果，欧美剧院的休息室，通常就用深绿设计，能够缓解演员登台前的焦虑感。大红大绿过于热烈浓重，不如大胆加入粉色调，如同澳大利亚的粉红湖，强烈的碰撞让人过目不忘，独树一帜。
设计说明
design specification
用极简的手法弱化了空间体块、界面、色调和材质，去繁化简，求其空灵，让人于精简与清欢之间，品味纯粹的传承清芳。
动静分析图
Static and dynamic zoning
动线分析图
Moving line analysis chart
照明分析图
Lighting analysis chart
通风分析图
ventilation diagram
效果图
Effect picture

附图 21

居住空间设计与表达
Uncut jade residence
璞居
室内设计大作业方案展示
刘雅婷 环设161 201655445109
想法构思 Idea conception
建筑外轮廓
房间规划
入口放置
此户型非普通形制，一边斜切为特色，为此对于室内的设计难度大大提升。室内设计在基本要求上要做到一个方向上的空气流通，因此将厨房、餐厅、客厅放在同一线上，其余房间分布在两侧，以最普通的安排方式化解斜面带来的不便。整体风格由偶尔所见的一张移门设计为起点，不断构思设计。风格以现代的简洁带着神秘为主，加以大量木制元素打破现代主义的冷酷，变为更适宜家人和老人居住的宜居空间。
用户分析 User analysis
男主人：职业经理人，45岁，喜欢现代，沉稳的颜色。
奶奶：在家养花，70岁，喜欢简洁。
儿子：初中生，13岁，喜欢汽车，热闹。
女主人：普通白领兼主妇，42岁，喜欢自然，木元素。
爷爷：书画家，72岁，喜欢画画、下棋。
女儿：初中生，15岁，喜欢安静，素色。
休闲区使用情况
6点-8点：全家人
8点-17点：老人
17点-22点：全家人
户型图 Apartment layout diagram
色彩 Color
剖面位置 Section location
休闲区
卧室区
工作区
动线 Moving line
房间设置 Room settings
功能分配 Function allocation
南北互通
客厅剖面图 Living room profile
书卧相连
主卧剖面图 Master bedroom profile
效果图 Design sketch
设计说明
(Design explanation)：
“璞”，返璞归真，又有璞玉之意。用户是个职业经理人，需要有一个体量比较大的书房，家里人口较多，需要多个卧室，在此要求上我希望能够达到设计归于自然，犹如返璞归真之感。由于户型的限制，我采取的是最普通的房间布置方式，用以减小户型缺点。木元素的大量运用，加之深色和浅色的对比呼应，让整个房间活泼起来。

附图 22

居住空间设计与表达
Interior Design
-A Nordic home
北欧风格室内设计
问题分析：户型复杂，面积狭小，居住
多为承重墙与承重柱墙体改造受限制。
Problem analysis: the house type is complex, the area is small, the inhabitant is many,The transformation of bearing wall and bearing column is restricted in most cases.
设计方案Design scheme
设计说明Design specification
北欧的设计风格让小户型的家庭能在视觉空间上增加在颜色使用上使用黑、白、灰加上原木色让整个家颜色明快简洁，但是又不失温度。少量的透景和端景的设计手法，在增加距离感的同时有不是趣味性。在满足了业主多个房间的要求的同时，让动线更加合理公共私密划分合理。
Nordic design style allows small family to add in the use of color in the use of black, white, grey plus.Log color lets whole house color lively and concise, but do not break temperature again. A small amount of transparent and end landscape design techniques, in the increase The sense of distance is not interesting at the same time. In satisfying the owner the requirement of many rooms at the same time, let move a line more reasonable Public privacy is properly divided.
材质选择、色彩搭配
Material selection
color matching
彩色平面图Color plan
动静分区Activity zoning
玄关porch
动线分析图Dynamic analysis chart
主卧The master bedroom
老人房Old person room
剖面图profile
客厅The sitting room
卫生间toilet
书房The study

附图 23

居住空间设计与表达

A 课程名称：室内一结课作业

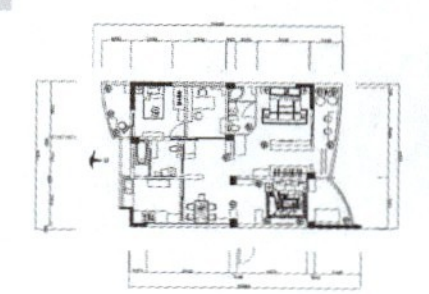

本方案设计定位北欧简约温馨风格设计，汇集简约温馨风格优秀的设计元素，在结构造型上相对简单，色彩朴素，完美表现人们回归自然，追求舒适、休闲、怀旧的生活气息。

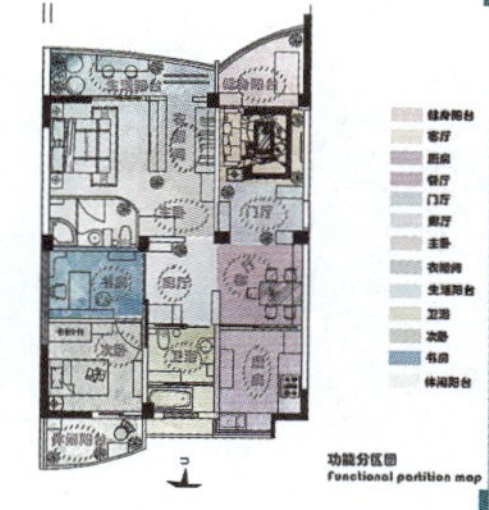

The scheme design positioning Nordic simple warm style design, collection imple in structure of simple warm style excellent design elements, relatively s modeling, simple color, perfect performan return to nature, the pursuit of comfort, leisure, nostalgic life atmosphere.

The adornment on metope also shows characteristic alone, all sorts of place are cabinet and lovely, add many fun to the space.

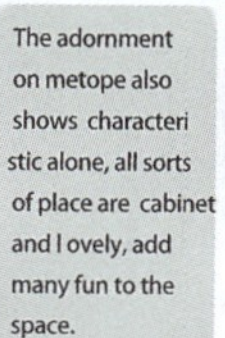

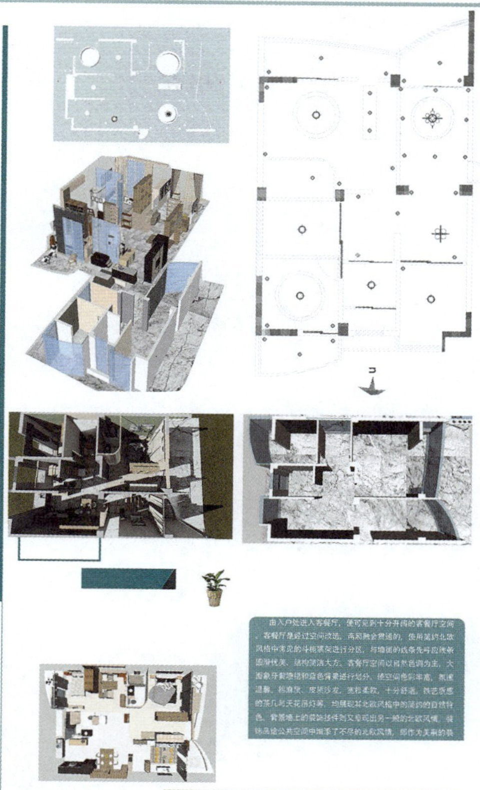

由入户处进入客餐厅，便可见到十分开阔的客餐厅空间，客餐厅是经过空间改造，两厨融合贯通的，使用简约北欧风格中常见的斗柜展架进行分区，与墙面的线条先呼应线条圆滑优美，结构简洁大方，客餐厅空间以自然色调为主，大面积牙黄墙纸和蓝色背景进行划分，使空间色彩丰富，氛围温馨，棉麻质、皮质沙发，宽松柔软，十分舒适，铁艺质感的茶几与天花吊灯等，均展现其北欧风格中的简约的自然特色，背景墙上的装饰挂件则又呈现出另一般的北欧风情，装饰品给公共空间中增添了不尽的北欧风情，部作为美丽的装

设计空间比较大，以大面积浅色、蓝色为主调，以呈现浪漫、沉静的生活氛围，浅色的天花与墙面不经雕琢，整个空间内，实木制做的家具、柜体等呈现出北欧的自然与舒适，墙面上的装饰品亦独显特色，各种摆件小巧可爱，给空间增添不少乐趣。

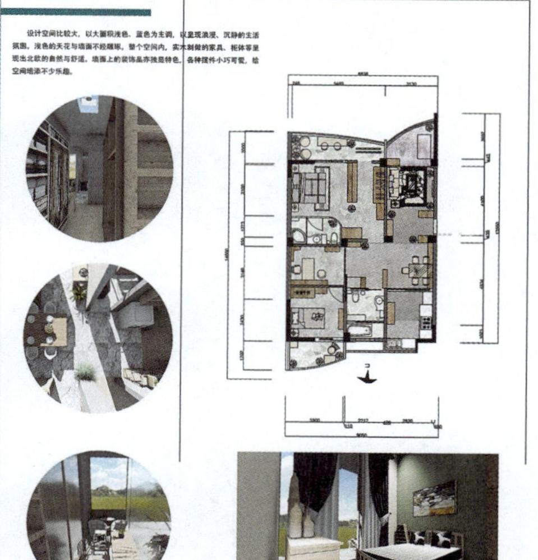

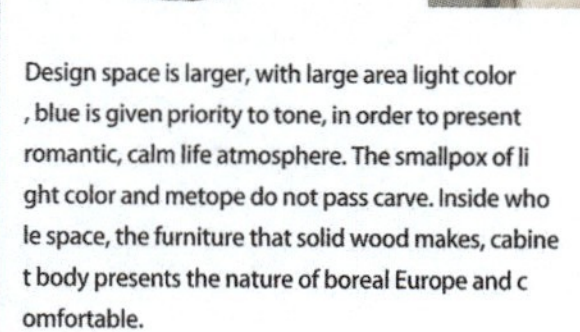

Design space is larger, with large area light color, blue is given priority to tone, in order to present romantic, calm life atmosphere. The smallpox of light color and metope do not pass carve. Inside whole space, the furniture that solid wood makes, cabinet body presents the nature of boreal Europe and comfortable.

姓名：刘文君
学号：201655445103
专业：环境设计
指导老师：赵斌

附图 24